Max Bense: AXIOMATIK UND SEMIOTIK

Max Bense

AXIOMATIK UND SEMIOTIK

AGIS-VERLAG BADEN-BADEN

ISBN 3-87007-0226

Satz und Druck: J. Kleindienst Offsetdruck
1000 Berlin 61
Printed in Germany

Inhalt

Vorbemerkung

In den folgenden Arbeiten handelt es sich um die Zusammenfassung von Untersuchungen zur Erweiterung der Theoretischen Semiotik.

Die einzelnen Thematiken dieser Untersuchungen wurden zumeist zuerst in entsprechenden Kolloquien meines Instituts für Philosophie und Wissenschaftstheorie der Universität Stuttgart vorgetragen und diskutiert. Auf diese Weise sind auch Mitarbeiter und Doktoranden zumindestens an den Ausarbeitungen der Überlegungen beteiligt.

Im wesentlichen handelt es sich hier um Fragestellungen folgender Intention:

1. Vor allem um das in diesen Arbeiten fast durchlaufende Problem der wissenschaftstheoretischen *Divergenz* zwischen der Axiomatik deduktiver Theorien und der Semiotik der Repräsentationssysteme, wie sie in der fundamentalkategorialen Reduktion auf die **Primzeichen** erscheint.

2. Um die heuristische Zusammenfassung der Zeichenklassen und ihrer Realitätsthematiken zu den entsprechenden zehn repräsentationstheoretischen *Dualitätssystemen* zwecks systematischer Kennzeichnung und Deskription von Theorien bzw. Disziplinen durch ihre relevanten dualen Repräsentationssysteme. Die Demonstration der semiotischen Theoreme erfolgt im wesentlichen am disziplinären System der Mathematik, am System der Logik, an der Entität der „ästhetischen Realität", an Texten vor allem literarischer Provenienz und insbesondere am Problem der mathematischen Naturbeschreibung bzw. Realitätsthematik, wie sie in der Klassischen Mechanik, in der Thermodynamik und in der Quantenmechanik in differierender Konzeption vorliegen.

3. Um gewisse semiotische Ergänzungsbegriffe, die

beim Übergang von der semiotischen Theorie zur semiotischen Praxis eine Rolle spielen und berücksichtigt werden müssen.
4. Um Fragestellungen, die sich ergeben, wenn man die Tatsache der *materialen Primär-Konstitution* der „Zeichen" bzw. der „Zeichenbezüge" in Betracht zieht und damit auf phylogenetische und ontogenetische Ursprungsprobleme technischer und abstrakter Zeichenkonzeptionen bzw. auf den Zusammenhang zwischen ihrer (materialen) *Morphogenese* und ihrer (intelligiblen) *Semiose* stößt. Diese Untersuchungen, die natürlich weit über die Peircesche Basistheorie hinausreichen, können selbstverständlich nicht in jeder Hinsicht als abgeschlossen gelten. Doch versuchen sie die allgemeineren Ausgangspositionen für durchführbare Spezialprogramme zu schaffen, die meines Erachtens zweifellos eine detaillierte Weiterentwicklung der Theoretischen und Praktischen Semiotik begünstigen.
Es ist natürlich eine Frage, wie die Semiotik, theoretisch und praktisch, sich weiter entwickeln wird. Der in diesem Buch geführte Nachweis, daß zur semiotischen Repräsentation der Mathematik alle zehn Zeichenklassen notwendig sind und die Mathematik in ihrer Gesamtheit daher auch alle zehn Realitätsthematiken umfaßt, darf aber keinesfalls so gedeutet werden, daß nun die so spät erkannte und ausgearbeitete Semiotik in dieser oder jener Hinsicht gänzlich im System der Mathematik aufgehe.
Sollte die Semiotik auf dem Wege sein, eine Disziplin der Mathematik zu werden, so höchstens im Sinne der *Grundlagendisziplin* des mathematischen Systems als solchem. (Was die mathematische Logik, etwa in der ehemaligen sogenannten „Schule von Münster" vermutlich hat erreichen wollen, aber aus prinzipiellen Gründen nicht hat erreichen können.) Mathematik ist keineswegs nur ein Inbegriff logistischer Prozeduren,

viel eher ist Logik ein Teil-Inbegriff (nämlich nur drei Zeichenklassen resp. Realitätsthematiken) mathematischer Prozeduren. Aber auch diese könnten noch nicht „Depth" und „Breadth" der fundierenden Kategorien erreichen, die der Mathematik, der Logik und den linguistischen Systemen ein Fundament liefern und zugleich mit den erkennbaren und rekonstruierbaren theoretischen „Welten" unserer wahrnehmenden, erkennenden und denkenden Aktivität verknüpft sind. Denn die Gegebenheit des „Seienden" und seines „Seins" ist eine Frage ihrer Repräsentierbarkeit. **Gegeben ist, was repräsentierbar ist.** Das *Präsentamen* geht kategorial und realiter dem *Repräsentamen* voran. So auch die Realitätsthematik der Zeichenthematik; aber wir können den präsentamentischen Charakter der Realitätsthematik erst aus dem repräsentamentischen Charakter ihrer Zeichenrelation eindeutig ermitteln.
Man wird sich stets klarmachen müssen, daß die leibnizsche „Characteristica universalis", die Heinrich Scholz als „ein System von Zeichen" verstand, gerade mit dieser Definition von vornherein zwei Möglichkeiten der Realisierung besaß: als *Formalismus* des logischen *Kalküls* oder als *Schematismus* der semiotischen *Repräsentation*, **was im logischen Kalkül die axiomatische Deduktion,** ist **in der semiotischen Repräsentation die triadische Fundierung.** Die axiomatisch-deduktive Rekonstruktion des mathematischen Systems stützt sich auf den Begriff der *Menge*, die triadisch-kategoriale Fundierung der semiotischen Repräsentation stützt sich auf den Begriff des *Repertoires*. Mittels des Begriffs der *Menge* können in der Mathematik die Zahlen bzw. Zahlenbereiche und in der Semiotik mittels des Begriffs des *Repertoires* die Zeichen bzw. ihre Trichotomien und Triaden eingeführt werden.
Was mit diesen Aspekten hervorgehoben wird, ist ein gewisser repräsentationstheoretischer Zusammenhang

zwischen den **natürlichen Zahlen** und den **kategorialen Zeichen.** Beide gehören zum gleichen Ordnungstypus, dem der „Nachfolge", der sowohl den Zählprozeß wie den Zeichenprozeß beherrscht. Dem *Zählen* der Zahlen entspricht das *Generieren* der Zeichen. Die Menge kann als ein formales, abstraktes Repertoire aufgefaßt werden. In der *kategorial-fundierenden Primzeichen-Folge* „Erstheit", „Zweitheit", Drittheit" ist dann sowohl die zahlen-determinierende wie auch die zeichen-determinierende fundierende Relations-Kategorie einer *einheitlichen* Zeichen-Zahlen-Basis jeder triadisch-trichotomischen Repräsentation zu erkennen.

Ein anderer Pol der pragmatisch-applikativen Orientierung der Semiotik ist natürlich die Linguistik. Doch hat es dieses etwas heterogene System von theoretischen und hermeneutischen Begriffsbildungen, Methoden, Modellen und heuristischen Konzeptionen bisher versäumt, sich der Theoretischen Semiotik als einer fundierenden oder kategorialen, auf jeden Fall ergänzenden Disziplin zu bedienen, und dies, obwohl es in allen seinen praktischen und theoretischen Verzweigungen fast selbstverständlich gezwungen ist, den Begriff „Zeichen" zu verwenden.

So läge also eine semiotische Aufarbeitung oder Konzeption mindestens gewisser linguistischer Theorien (z. B. der Phrasenstrukturbeschreibung und der generativen Grammatik) sicher näher als die einer pseudomathematischen Linguistik. Läßt man die wenigen ernst zu nehmenden semiotischen Analysen, wie sie z. B. R. Antilla, Joëlle Réthoré und Elisabeth Walther für elementare linguistische Entitäten durchgeführt haben, beiseite, so beschränken sich die semiotischen Konzeptionen der Linguistik zumeist nur auf das Zitieren der Begriffe token und type und Icon, Index und Symbol aus den, gemessen an der Peirceschen Basistheorie, oberflächlichen und unzureichenden Schriften von Ch. W. Morris.

Vor allem hat die theoretische Linguistik, s
überhaupt auf den elementaren Zeichenbe
nicht begriffen oder nicht beachtet, daß der
ausgehende Zeichenbegriff kein einstellige
Gebilde ist, sondern eine dreistellige, triadisch
relationale Entität, die demnach im theoretischen oder praktischen Gebrauch auch nur als solche verwendet werden darf. Die Außerachtlassung dieser definitorischen Konsequenz führt zu der immer wieder, vor allem in linguistischen Publikationen, auffallenden Verwechselung eines naiven, monoidischen umgangssprachlichen Zeichenbegriffs mit dem theoretischen Zeichenbegriff der triadischen Zeichenrelation der wissenschaftlichen Semiotik einerseits oder der Verwechselung eines partiellen Subzeichens mit der trichotomischen Folge, zu der es gehört, andererseits. Jedenfalls sind diese Mißverständnisse und Versäumnisse, die natürlich vor allem auch die im eigentlichen Sinne operablen Begriffe der „Zeichenklassen" (durch die bekanntlich die Repräsentationsschemata aller Sprachen und sonstiger Darstellungsmittel semiotisch definiert werden) sowie ihrer dual ableitbaren „Realitätsthematiken" (mit denen die jeweils repräsentierten Realitätsbezüge homogener oder inhomogener Trichotomie differenzierbar sind) betreffen, die Ursache der bisherigen *Gesamtverfehlung* der Theoretischen Semiotik in den verschiedensten linguistischen und strukturalistischen Schulen, aber auch die Ursache jenes sattsam bekannten pseudosemiotischen Dilettantismus, der sich (sowohl in Europa wie auch in Amerika) interdisziplinär ausgebreitet hat. In dieser Beurteilung gewisser Entwicklungen oder, genauer gesagt, gewisser Stagnationserscheinungen in der Entwicklung der neueren Semiotik muß man natürlich auch die ideologisierenden Bemühungen einbeziehen, wie sie der marxistischen Denkweise entsprechen und wie sie vor allem in der halbwissenschaftlichen „Zeitschrift

für Phonetik, Sprachwissenschaft und Kommunikationsforschung" (herausgegeben im Auftrage des Rates für Sprachwissenschaft bei der Akademie der Wissenschaften der DDR) publiziert werden. Der weder philosophisch noch wissenschaftlich sonderlich hervorgetretene, geschweige durch einen förderlichen Beitrag zur semiotischen Theorie bekannt gewordene Erhard Albrecht glaubte 1979 in einem Bericht über ein vorbereitetes „Terminologiewörterbuch — Logik, Semiotik und Methodologie", ebenso dümmlich wie lächerlich wirkend, formulieren zu müssen, daß „bürgerliche Linguistik, Semiotik und Sprachphilosophie ... die zentralen Disziplinen für die bürgerliche Manipulationstechnik" bilden. Man kann natürlich von einer „Akademie" und ihrer „Zeitschrift" keine wissenschaftliche Semiotik erwarten, wenn sie die zitierten marxistischen Phrasen für wissenschaftlich hält.
Ich möchte noch ein paar Bemerkungen über den philosophischen Stellenwert der Semiotik hinzufügen. Natürlich ist die Semiotik ihrer Intention nach keine philosophische Disziplin, ebensowenig wie die Logik. Dazu ist sie zu sehr an der formalen Rekonstruktion ihrer Repräsentationsschemata, also an Theorie interessiert. Gleichwohl ist das System dieser triadischen Repräsentationsschemata kein *Formalismus*, sondern ein definiter und superierter *Schematismus*, den man nicht beliebig durchbrechen, verändern oder deuten kann.
Aber die Frage, was eine philosophische Disziplin, geschweige was eine philosophische Theorie sei, ist nur eingeschränkt zu beantworten. Eine philosophische Disziplin kann wenigstens historisch einigermaßen bestimmt werden; Metaphysik, Ontologie, Erkenntnislehre, Ethik und Moral, schließlich auch Existenzialanalytik gehören sicherlich dazu. Eine *philosophische Theorie* hingegen, wenn man darunter ein System von Aussagen versteht, das mindestens aus (hypothetischen) Defini-

tionen, (rational) formulierbaren Problemen und (rekonstruktiv) kontrollierbaren Aussagen auf der (meta-physischen) Ebene (mehr oder weniger abstrakter) intelligibler Entitäten besteht, ist schwer zu fixieren, wenn man weder spekulativ noch rein formal sein will. Ich würde etwa die nicht-empirischen, nicht-rein-formalen und nicht-spekulativen thetisch-abduktiv eingeführten generellen raum-zeitlichen Schemata (d. h. die prä-metrischen und prä-physikalischen Bezeichnungs- und Bedeutungszusammenhänge) in ihrer kontextlichen Einheit als eine philosophische Theorie auffassen. Aber eine solche abstrakte, doch entitätisch orientierte Theorie setzt offensichtlich zum Zwecke des Gewinns einheitlicher Bezeichnungs- und Bedeutungskomponenten ein einheitliches Repräsentations-Schema voraus, das auf einem einheitlichen Kategorienschema, das seinerseits auf einem einheitlichen Fundierungsschema triadisch-ordinaler Relationalität beruht, konstituiert ist und dessen Klassen der *Zeichenbezüge* umkehrbar eindeutig Klassen von *Realitätsbezügen* entsprechen. Damit wird aber die semiotische Theorie der Repräsentationsschemata, nämlich durch deren relationale Eigenschaft kategorialer und fundamentaler Abbildbarkeit der triadischen Repräsentationsschemata auf die trichotomischen Realitätsschemata (also der Zeichenklassen auf die Realitätsthematiken), zu einer generellen *Grundlagentheorie* **jeder repräsentierbaren Realität.** Und genau diese Tatsache macht den philosophischen Stellenwert oder Status der Semiotik aus.
Mit dem philosophischen Stellenwert der Semiotik hängt indessen auch ihre mögliche Funktion in oder für die oder wenigstens für gewisse Geisteswissenschaften zusammen. Insbesondere scheint es mir wichtig, darauf hinzuweisen, daß die Semiotik, gerade durch ihren Charakter als relationale Repräsentationstheorie, für den Aufbau einer speziellen geisteswissenschaftli-

chen Grundlagen- bzw. Wissenschaftstheorie (deren Ausarbeitung bisher fast ganz vernachlässigt wurde) von entscheidender Nützlichkeit sein könnte. Denn es ist ja eine bemerkenswerte Folgerung aus der definitorischen Einführung des „Zeichens" als eine „triadische Zeichenrelation", daß es *kein* „bedeutungsfreies" (vollständiges) „Zeichen" geben kann. Diese Folgerung kann natürlich bereits für die Reichweite der mathematischen (axiomatische Mengenlehre) bzw. metamathematischen Grundlagenforschung ein Kriterium und ein Korrektiv abgeben, ist aber vermutlich noch wichtiger für die Grundlagenforschung und Wissenschaftstheorie der Geisteswissenschaften. Denn in deren Disziplinen erfolgt die Trennung zwischen theoretischen und empirischen Begriffsbildungen, insbesondere weil hier der Begriff der Empirie und der Begriff der Realität anders als in den Naturwissenschaften intendiert sind, auf eine andere Weise als in den mathematisch orientierten Wissenschaften. In letzteren vollziehen sich die methodologischen Prozesse vor allem auf der höchsten Stufe der Abstraktion, d. h. auf der argumentisch-deduktiven Stufe formalisierend-generalisierender Abstraktion; die spezifisch geisteswissenschaftlichen Disziplinen hingegen sind gezwungen, auf der hermeneutisch-intuitiven Stufe klassifizierend-schematischer Abstraktion ihre Explikationen und Reflexionen zu verfolgen. Und es scheint, daß die naturwissenschaftlichen *Entitäten* letztlich an einen **Objektbezug** gebunden bleiben, während die geisteswissenschaftlichen Entitäten, insbesondere in ihrer *ästhetischen Realität*, stets nur in einem (kontextlichen) **Interpretanten** Existenz gewinnen können.

1. Die Einführung der *Primzeichen*

Es fällt auf, daß im Rahmen der mathematischen Zahlentheorie der Begriff der „Zahl", wie es Hilbert wohl am deutlichsten unterschied, zwar genetisch (oder abstrahierend) und axiomatisch (oder implizit) eingeführt werden kann, daß aber gleichwohl damit keine explizite und definite Fundierung und Vorstellung gegeben wird, die im Rahmen der wissenschaftlichen Verwendung dieses Begriffs auch nur die geringsten erkenntnistheoretischen und ontologischen Bedürfnisse, die den formalen Aspekt übersteigen, befriedigen könnte. Die Festlegungen Peanos, Dedekinds, Freges, Russells bis zu Hilbert und Skolem unterscheiden sich in dieser Hinsicht kaum. „Eine rein formalistische Begründung der Zahlen ist für ihre Anwendung unzureichend", bemerkte Victor Kraft als Philosoph in „Mathematik, Logik und Erfahrung" (1947, 1970, p.33) zum Thema der natürlichen Zahlen. Hilbert und Bernays, die Mathematiker, formulieren den gleichen Sachverhalt in den „Grundlagen der Mathematik" (1934, p.2) mit den Worten: „Die formale Axiomatik bedarf der inhaltlichen notwendig als ihrer Ergänzung, weil durch diese überhaupt erst die Anleitung zur Auswahl der Formalismen und ferner für eine vorhandene formale Theorie auch erst die Anweisung zu ihrer Anwendung auf ein Gebiet der Tatsächlichkeit gegeben wird." Doch muß andererseits auch hervorgehoben werden, daß Hilbert mit seinem Begriff des „Gedankendinges", das „durch ein Zeichen benannt" wird, wie es in „Über die Grundlagen der Logik und der Arithmetik" heißt, bereits 1904 die Intention der Zahlentheorie auf den Zusammenhang zwischen „Zahl" und „Zeichen" gelenkt hat, der hier nicht nur in Erinnerung gebracht, sondern auch theoretisch abgesteckt und begründet werden soll. Unser Thema ist also eine Einführung der Zahlen als Zeichen bzw. der *Zeichenzahlen* als Gegen-

stand einer *semiotischen Zahlentheorie* im Sinne einer Zeichentheorie der Zahlen.
Die Frage, die gestellt wird, betrifft das Problem, ob und wie weit der Begriff der Zahl durch den Zeichenbegriff der Semiotik vom Peirceschen Typ (d. h. durch eine triadisch-trichotomische Zeichenrelation) identifiziert werden kann bzw. — und das scheint mir das Wesentliche zu sein — ob, falls die Intentionen unseres denkenden und ausdrückenden Bewußtseins überhaupt als Zeichenprozesse verlaufen, die Zahlen selbst schon als (triadische) Zeichenrelationen gegeben sind oder erst zu Zeichen erklärt werden müssen. Jede fundierende und nicht nur definierende Axiomatik oder Genetik der Zahl müßte, wenn sie theoretisch und applikativ sicher gehen und erfolgreich sein will und die logische Präzision nicht durch eine methodische Vernachlässigung der Thematisation in den Grundlagen erkaufen möchte, wenigstens den Versuch einer Beantwortung vorbereiten können. Soweit nun in den letzten Jahrzehnten die Erweiterung des mathematischen Formalismus in den logischen Formalismus zu einem gewissen Abschluß gebracht werden konnte, wird es notwendig, diesen doppelt *extensionalisierten Formalismus* auch *fundierend* zu *thematisieren,* um ihn nicht in einen Leerlauf einmünden zu lassen, der um so anfälliger wird für Störungen seines Regelsystems, desto präziser und feiner er konstituiert wurde. Mir scheint nun, daß *die semiotische Thematisierung* der wesentlichen Begriffe der mathematischen Zahlentheorie zugleich auch deren metamathematischer Fundierung und erkenntnistheoretischen Seinsbezügen entspricht.
Die Hypothese, die nun im folgenden in eine These überführt werden soll, besteht in der Behauptung, daß „Zahlen" (im Sinne dessen, was Peirce als „ideal state of things" oder Hilbert als „Gedankendinge" gelegentlich bezeichneten) keine *benannten*, sondern (im den-

kenden Bewußtsein) konstruktiv *gegebene* „Zeichen" sind und als solche *intelligibel* existieren, wobei „Ziffern", die wir zur Bezeichnung von „Zahlen" benutzen, in analoger Weise fungieren wie die Ausdrücke „Icon", „Index", „Rhema" etc., die wir als semiotische Terme benutzen. D. h., daß unter einer „Zahl" eine triadische (zeichenanaloge) Relation

$$ZaR = R(Za(M), Za(O), Za(I))$$

verstanden wird, bzw. daß jede „Zahl" ein „Repertoire" (Za(M), einen „Objektbezug" (Za(O)) und einen „Interpretanten" (Za (I)) besitzt.
Dieser semiotische Sachverhalt ist in den axiomatischen Systemen Peanos, Dedekinds und Hilberts nicht erkennbar für die „natürlichen Zahlen" formuliert, d. h., das triadische Bezugssystem der „natürlichen Zahlen" ist aus jenen Axiomatiken nicht herauszulesen.
Man muß aber beachten, daß das theoretische System der triadischen Zeichenrelationen und ihrer trichotomischen Subzeichenkorrelate, also der triadischen Zeichenklassen und trichotomischen Realitätsthematiken ein *universales, fundamentales* und dementsprechend auch *kategoriales Bezeichnungs-* und *Bedeutungssystem* bzw. Ausdrucks- und Bezugssystem des *Bewußtseins* von der Welt im weitesten Sinne, also aller ontologischen Entitäten darstellt. Diese durchgängige Universalität, Fundamentalität und Kategorialität der relationalen Zeichenklassen und ihrer relationalen Realitätsthematiken, also der *Repräsentationschemata*, wie wir heute gerne sagen, setzt sich fort in einer durchgängigen *pragmatischen* Universalität, Fundamentalität und Kategorialität der semiotischen Entitäten, d. h. in einer allgemeinen *Anwendungsgültigkeit*, die sich, der triadischen Einführung der Zeichenrelation entsprechend, auf die dreistelligen Vermittlungsfunktio-

nen der *Transformation*, der *Information* und der *Kommunikation* erstreckt.
Im Gegensatz zu den triadischen Zeichenmitteln der Semiotik sind die linguistischen Mittel der natürlichen *Sprachen* nicht universal, nicht fundamental und auch nicht kategorial, sondern *regional zufällige Ereignisse* unserer Geschichte und gebunden an diese. Nur die *Mathematik*, also das System der mathematischen Theorien, Begriffe und Operationen, hat die universalen, fundamentalen und kategorialen *Zustände* der *Abstraktion* erreicht, wie sie die semiotische Theorie heute isoliert betrachten, beschreiben, wissenschaftlich konstituieren und anwenden kann.
Natürlich besitzt dieses abstrakte System der Theoretischen Semiotik einen *Formalismus*, einen formalen Apparat. Aber man muß immer zwischen zwei verschiedenen Formalismen unterscheiden: dem *konkreten*, syntaktisch reinen oder freien Formalismus, wie ihn die Logistik und die metamathematischen Beweistheorien kennen, und dann dem *abstrakten* oder abstrahierenden, syntaktisch-semantisch abhängigen Formalismus, wie er insbesondere in den neueren mathematischen Theorien bzw. Systemen (Nichteuklidische und Riemannsche Geometrien, Theorie der transfiniten Zahlen, Modelltheorie, Gruppentheorie, Kategorietheorie usw.) benutzt wird und wie ihn die Theoretische Semiotik als allgemeingültigen pragmatischen *Schematismus* entwickelte. Auf diesem Schematismus der triadischen Zeichenrelation der Repräsentation beruht natürlich auch die stärkere Determination des semiotischen Systems und seiner *Semiosen* im Verhältnis zu linguistischen Systemen. Mit deren schwächerer Determination verbindet sich jedoch ein höherer Innovationswert vermittelbarer Information. Setzt man indessen voraus, daß jedes linguistische System fundamentalkategorisch als metasemiotisches angesehen werden darf, also nur in den

Grenzen seiner triadischen Zeichenrelationen operieren kann, dann bleibt evident, daß die linguistisch formulierte Information bzw. Innovation nie höher sein kann, als es dem Repräsentationsschema ihrer Zeichenklasse bzw. Realitätsthematik entspricht.
Ich kehre nunmehr zu der Ausgangsfrage unserer Erörterung der „Zahl" als „triadische Zeichenrelation" zurück.
In früheren Publikationen, vor allem in „Vermittlung der Realitäten" (1976, p. 85 ff.) und in „Die Unwahrscheinlichkeit des Ästhetischen" (1979, p. 133) konnte ich zeigen, daß erstens die Zeichenklasse des (spezifisch triadischen) Peirceschen Zeichenbegriffs $ZR_{pei}(M,O,I)$ und die Zeichenklasse des (spezifisch dreistelligen) Peanoschen Begriffs der Natürlichen Zahl ZaR_{pea} (o,nf,nZa), darin o das Anfangsglied der natürlichen Zahlenreihe, nf die Nachfolgebeziehung und nZa die Menge der natürlichen Zahlen bezeichnet, *identisch* sind, d.h.

$$\text{Zkl}\,(ZR_{pei}ZR_{pea})\text{: } 3.1\ \ 2.2\ \ 1.3,$$

und daß zweitens auch die Peirceschen ordinalen Fundamentalkategorien (Fkt) der „Erstheit" (.1.), der „Zweitheit" (.2.) und der „Drittheit" (.3.) der „New List of Categories" (1867) dieser Zeichenklasse genügen, d.h., es gilt auch

$$\text{Zkl}\,(\text{Fkt}_{pei})\text{: } 3.1\ \ 2.2\ \ 1.3.$$

Ich möchte nun die Explikation dieser semiotischen Sachverhalte noch etwas verstärken, indem ich dabei den Akzent vor allem auf die Einführung des Begriffs *Primzeichen* für die Peirceschen Kategorien lege.
Aus der Feststellung, daß die Peircesche Zeichenrelation und die Peircesche Kategorienrelation der gleichen Zeichenklasse (Zkl: 3.1 2.2 1.3) genügen, kann jeden-

falls der Schluß gezogen werden, daß die triadische Zeichenrelation durch die dreistellige Kategorienfolge ausgedrückt werden darf, d.h.

ZR (M,O,I) ≡ Fkt (.1., .2., .3.).

In „Vermittlung der Realitäten" hatte ich des weiteren aus der Tatsache, daß die für die Zeichenrelation und die Kategorienfolge *identisch eine Zeichenklasse* auch *dualitäts-identisch* ist, denn

Zkl (ZR): 3.1 2.2 1.3 x Rth (Fkt): 3.1 2.2 1.3,

den weiteren Schluß gezogen, daß die *dreistellige* Folge der *Fundamentalkategorien* stets als die *trichotomische Realitätsthematik* der *triadischen Zeichenrelation* aufzufassen ist.
Natürlich kann die *thetische Einführung* der „Zeichen" (d.h. der triadischen Zeichenrelationen als eine der zehn Zeichenklassen), die operationell für den Aufbau der Semiotischen Theorie postuliert werden muß, nur vom „drittheitlichen" (.3.) „Interpretanten" her erfolgen, und daher wird die Zeichenklasse stets degenerativ, d.h. in der kategorialen Folge

3.↘2.↘1.

notiert, während die Notation der Realitätsthematik generativ invers verläuft

.1↗.2↗.3.

Da man voraussetzen darf, daß jede Zeichenklasse als Repräsentationsschema ihres thematisierten Realitätsbezugs fungiert, ergibt die Inversion (bzw. Dualisation) der triadischen Folge der Subzeichen der Zeichenklasse die trichotomische Folge der Momente ihres Realitätsbezugs. Das numerische Schema des zeichen-kategorialen Doppel-Prozesses kann also durch folgende Notation beschrieben werden:

repräsentierende Ordnung: (triadisch)	3. 2. 1.
kategorialisierende Ordnung: (trichotomisch)	.1 .2 .3

Faßt man nun durch eine (gewissermaßen semiotisch repräsentierende *additive* Semiose beide Notationen zusammen, dann ergibt sich die

hybride Ordnung (triadisch-trichotomisch)	3.1 2.2 1.3

der realisationsfähigen triadischen Zeichenrelation als solcher, d.h. ihre kategorial repräsentierende Zeichenklasse als solcher.

Offensichtlich wird mit dieser dualitäts-identischen Zeichenklasse die Möglichkeit des *Selbst-Bezugs* („self reference") des (triadischen) „Zeichens" sichtbar. D.h., es gibt unter den zehn Zeichenklassen des „Zeichens" eine, die dualitäts-identische Zeichenklasse

Zkl: 3.1 2.2 1.3,

die diesen Selbstbezug, also die Tatsache, daß ein „Zeichen" *sich selbst repräsentiert*, demonstriert. Die Affinität dieses semiotischen Selbst-Bezugs zu der logisch-linguistischen „self reference", die von Smullyan, Tarski u.a. untersucht wurde, liegt natürlich auf der Hand.

Diese festgestellten Zusammenhänge legitimieren m.E. ausreichend, von *Primzeichen* als den die repräsentierenden und kategorialisierenden Zeichenfunktionen zusammenfassenden Bestimmungsstücken zu sprechen.

Wenn wir uns jetzt wieder des Zusammenhangs des Repräsentationsschemas und des Kategorialschemas mit

dem Zahlenschema erinnern, die ja alle drei die gleiche, oben genannte, dualitäts-identische Zeichenklasse (3.1 2.2 3.1) aufweisen, dann ist auch einsichtig, daß wir die drei ersten Primzahlen (die „1" mitgerechnet), die in ihrer unmittelbaren Aufeinanderfolge eine echte wohlgeordnete *triadische Relation* bilden, als *Primzeichen* eines triadischen *Repräsentationsschemas* benutzen dürfen, wenn wir darüber hinaus diese Primzeichenrelation als fundamentale Wohlordnung (bzw. einfach als *Fundamentalordnung)* und auch (im fundierten Sinne der klassischen Kategorienvorstellung) als primäre *Kategorialrelation* einführen, um mit ihrer Hilfe die theoretische, schematisch-thematische Konstituierung eines geschlossenen Systems von Zeichenklassen und Realitätsthematiken zu erreichen.
Damit fällt nun auch neues, sozusagen differenzierendes Licht auf die semiotische Konstituierung des mathematischen Begriffs der „Zahl" als solcher.
Zwei semiotische Momente in bezug auf die „Zahl" als solche habe ich bereits formuliert: erstens, daß die „Zahl" als eine triadische *zeichen-analoge* Relation im Schema

ZaR = R (Za (M), Za (O), Za (I))

eingeführt werden muß; zweitens, daß dieser mathematisch-semiotische Zahlbegriff der dualitäts-identischen Zeichenklasse/Realitätsthematik

Zkl (Za) 3.1 2.2 1.3

genügt.
Das differenzierte Problem besteht nun darin, wie unter den vorstehenden Voraussetzungen die verschiedenen Zahlkonzeptionen wie Kardinalzahl, Ordinalzahl u.a. semiotisch zu verstehen sind bzw. repräsentiert werden.

Offensichtlich muß ja gefordert werden, daß, um zunächst nur von der Kardinalzahl und der Ordnungszahl zu sprechen, die ja sowohl von Cantor wie auch — kritisch — von Peirce in den mathematischen Blickpunkt des 19. Jahrhunderts gerückt wurden, beide Zahltypen der ermittelten Klasse genügen. Das ist offensichtlich durchaus der Fall. Doch bemerkt man, wenn man die beiden Zahltypen in die Zeichenklasse einzuordnen versucht, daß die *Kardinalzahl* definitionsgemäß als Äquivalenzklassenbildung primär eine „Menge" bzw. eine „Mächtigkeit" (Multitude) betrifft, auf der Ebene der semiotischen Repräsentation also einer „repertoiriellen" Charakteristik entspricht und genau damit den (additiv-selektiven) Zählprozeß und die Konstituierung der Natürlichen Zahlenreihe ermöglicht.
Hingegen besitzt die *Ordinalzahl* mit dem bezeichnenden essentiell den singularisierenden Bezugscharakter; sie ist die Zahl, die im Rahmen der repertoiriellen Kardinalzahl als „Trägermenge" (wie H.-G. Steiner sich ausdrückt) die differenzierende und singularisierende Ordnung bzw. Wohlordnung herstellt, also im „Objektbezug" fungiert.

Damit erhebt sich die Frage, ob Kardinalzahl und Ordnungszahl durch einen weiteren relevanten Typus zu einer (zahlenrealitätsthematischen) Trichotomie ergänzt werden können. Dieser natürlich „drittheitliche" (.3.) neben dem „zweiheitlichen" (.2.) der Ordinalzahl und dem „erstheitlichen" (.1.) der Kardinalzahl vermutbare Typ muß existieren, wenn die eingangs unserer Überlegung postulierte triadische Zahlenrelation einen Sinn hat. Jedenfalls muß der „drittheitliche" Typ den Charakter eines „Interpretanten" (I) besitzen, d. h. aber, er muß den konnexbildenden, kontextlichen Charakter der „Zahl" bzw. des „Zahlbegriffs" hervorheben, der *rela-*

tionaler Provenienz ist, so daß wir von *Relationalzahl* sprechen werden. Eine Zahl gehört zum Typus der Relationalzahl, wenn sie weder den kardinalen Mengencharakter noch den ordinalen Bezugscharakter, sondern auf der vorausgesetzten Basis beider (als Isomorphieklasse) eine relationale Kennzeichnung intendiert. (Hilbert hat in einem seiner Aufsätze zwischen „Anzahl" und „Maßzahl" unterschieden, und diese Zahl, die als „Maßzahl" verstanden wird, gehört zweifellos zum Typus der Relationszahlen. Vergl. Hilbertiana, Fünf Aufsätze, 1964, u. M. Bense, Semiotische Prozesse und Systeme, 1975, worin ich eine anfängliche Fassung des hier vorgegebenen Problems von Hilbert aus erörtert habe).
Wir haben somit auf der semiotischen Repräsentationsebene des Zahlbegriffs drei zur Repräsentation gehörende Teilaspekte zu unterscheiden:
1. die Kardinalität der Zahl (Kardinalzahl), d.h. Repräsentation als „Mächtigkeit",
2. die Ordinalität der Zahl (Ordinalzahl), d.h. Repräsentation als „Nachfolge",
3. die Relationalität der Zahl (Relationszahl), d.h. Repräsentation als „Konnex".
Ich muß erläuternd hinzufügen, daß wir hier unter Relationszahl nur die generelle Tatsache verstehen, daß jede beliebige Zahl, davon abgesehen, daß sie kardinalzahlmäßig oder ordinalzahlmäßig fungieren kann, in jedem Falle immer in einem gewissen, den relevanten mathematischen Umständen entsprechenden Zusammenhang bzw. Konnex (Folge, Reihe, Gleichung, Funktion etc.) auftritt.
Man bemerkt leicht, daß damit die Kardinalzahl der fundamentalkategorialen „Erstheit" (Firstness), die Ordinalzahl der fundamentalkategorialen „Zweitheit" (Secondness) und die Relationalzahl der fundamentalkategorialen „Drittheit" (Thirdness) angehört.
Die zeichenanaloge triadische Relation der „Zahl"

$$ZaR = R(Za(M), Za(O), Za(I))$$

geht damit über in

$$ZaR = R(Za(kard), Za(ord), Za(rel)).$$

Als dualitäts-identische Zeichenklasse notiert, ergibt sich

$$Zkl(Za): 3.1(rel)\ 2.2(ord)\ 1.3(kard),$$

womit unser Ausgangsproblem eine vorläufige Lösung und unsere *Primzeichenhypothese* einen vorläufigen Abschluß erfährt. Zusammenfassend möchte ich in ihr den Versuch einer (triadischen) *Arithmetisierung* der Semiotik sehen, durch die jene früheren Arithmetisierungen der Geometrie (Descartes), der physikalischen Naturbeschreibungen (Galilei, Fourier, Mach), des formalen Kalküls und der Metamathematik (Gödel) insofern abgeschlossen werden, als mit dieser Arithmetisierung der allgemeinen Theorie der Zeichenrelationen zugleich ihre *fundierende Kategorialisierung* gegeben wird, die als universal bezeichnet werden darf.
Natürlich sollte man neben der fundamental-kategorialen Funktion des Primzeichenschemas nicht dessen *universale* Ausdehnung im Bereich der philosophischen und wissenschaftlichen Theorienbildung vergessen. Schon Peirce hat auf diese Bedeutung der „Neuen Kategorien" aufmerksam gemacht, indem er von ihrer Rolle im Aufbau einer Art von „Mathematischer Metaphysik" (die in gewisser Hinsicht auch in der „Metaphysik als strenge Wissenschaft" von Heinrich Scholz (1941) und in der Idee einer „nichtaristotelischen Logik" Gotthard Günthers (1959) Gestalt gewonnen hat) oder „Kosmogonischer Philosophie" sprach (CP 6.32).
Peirce erwähnt in diesem Zusammenhang einige kon-

krete Realisierungen der Fundamentalkategorien, die nacheinander universal wissenschaftstheoretisch, erkenntnistheoretisch und kosmologisch orientiert sind.

First:	Second:	Third:
(.1.)	(.2.)	(.3.)
chance	law	habits
(Zufall)	(Gesetz)	(Denkgewohnheit)
mind	matter	evolution
(geistige Aktivität)	(Substanz)	(Entwicklung)
Tychism	Agapism	Synechism
(diskretes System, Chaos)	(Wechselwirkungssystem)	(Kontinuitätssystem)

(vergl. CP 6.32,6.33,6.102)

2. Semiotische Morphogenese

Die semiotische Erkenntniskonzeption (Bense, Galland), danach die Phasen eines Erkenntnisprozesses an den stationären Zuständen seiner *Semiosen,* also an den triadisch-trichotomischen Zeichenrelationen und ihren Korrelaten studiert werden können und müssen, ist nicht nur ein theoretisches Faktum, sondern auch eine entwicklungsgeschichtliche Perspektive der Semiotik. Denn offensichtlich hängt die Tatsache der menschheitsgeschichtlichen Spät-Entwicklung einer allgemeinen und fundamentalen Zeichentheorie und der mit der Ausarbeitung und Funktion verbundenen Divergenz zwischen dem *eigentlichen* System der triadisch-trichotomischen Zeichenrelation einerseits und den (semiotisch *uneigentlichen*) metasemiotischen Systemen der natürlichen und nicht-natürlichen, künstlichen oder technischen, sprachlichen oder nichtsprachlichen Ausdrucks- und Darstellungsmitteln andererseits, auch mit

der *entwicklungsgeschichtlich* zunächst nicht gegebenen und erst mit der allgemeinen semiotischen Repräsentationstheorie deutlich gewordenen Unterscheidbarkeit zwischen einer (zeichen-unvermittelten) Wahrnehmung und einer (zeichen-vermittelten) Erkenntnisfähigkeit zusammen.
Genau mit diesen (wissenschaftstheoretisch-anthropologisch-entwicklungsgeschichtlichen) Perspektiven stoßen wir auf die Notwendigkeit der Ausarbeitung *phylogenetischer, ontogenetischer, morphogenetischer* und *topographisch-topogenetischer* Aufgabenstellungen der Semiotik. Ich verstehe dabei unter phylogenetischer Semiotik den Inbegriff aller Nachweise einer stammesgeschichtlichen Entstehung, Herkunft bzw. Entwicklung von Repräsentations- und Vermittlungsschemata von der Art einer materialen oder physischen Signal- oder Zeichenbildung anthropologischer (und unter Umständen auch tierischer) Provenienz. Unter ontogenetischer Semiotik fasse ich Entwicklung und Verwendung eines entsprechenden, jedoch individuell und speziell angelegten Instrumentarium zum Zwecke der repräsentativen, demonstrativen und kommunikativen Signal- bzw. Zeichengebung zusammen. Unter morphogenetischer Semiotik verstehe ich die materialen und formalen *Übergänge* bzw. Transformationen innerhalb der *Semiosen* der triadischen Zeichenrelationen, also in den Zeichenklassen und in den Realitätsthematiken. Kurz, die semiotische Morphogenetik beschreibt und begründet insbesondere die Veränderungen und Generierungen oder Degenerierungen zwischen den Subzeichen, zwischen 1.1 bis 3.3. Vor allem gehören dazu die selektiv-abstrahierenden Übergänge zwischen den Subzeichen der Realitätsthematiken und die koordinativ-relationalen Übergänge zwischen den Subzeichen der Zeichenklassen sowie die Komplement- und Superisationsbildungen. (Diese morphogenetischen Prozesse in

den Semiosen haben überdies eine gewisse Verwandtschaft mit den synergetischen Phasenübergängen innerhalb gewisser physikalischer und biologischer Systeme, auf die H. Haken und R. Thom aufmerksam gemacht haben.) Was schließlich die *topographische* Aufgabenstellung in der Semiotik anbetrifft, so handelt es sich im wesentlichen um die Beantwortung der beiden Fragen: 1. Wie weit bedeutet die Zeichenklasse bzw. Realitätsthematik eines „Zeichens" (im Sinne einer monadischen, dyadischen oder triadischen Zeichenrelation bzw. -funktion) die Festlegung eines *Zeichenortes,* an dem Zeichen material bzw. intelligibel realisiert werden können? — 2. Wie weit wird ein solcher Zeichenort durch triadisch-trichotomische Prozesse verändert, gestört und fragil bzw. wie weit wird eine Umweltsituation durch realisierte Zeichen zu einer Zeichensituation (deren Begriff ich bereits 1971 in „Zeichen und Design" einführte)? —

Zur *Zeichentopologie,* auf die hier ergänzend hingewiesen wird, gehört die Unterscheidung zwischen *zeichenexternen* Zuständen und Prozessen und *zeicheninternen* Zuständen und Semiosen. So bezieht sich die phylogenetische Frühmorphogenese der Zeichen wesentlich auf deren material-instrumentale Beschaffenheit bzw. Rekonstruktion und damit auch auf die zeichenexternen und situationsangepaßten Umbildungen, während die formale semiotische Morphogenese (etwa der Übergang eines Icons zu einem Index, die innerhalb einer Realitätsthematik fungieren) wesentlich zeichenintern abläuft. Offensichtlich ist jedoch, daß ein *Zeichenort,* an dem ein Zeichen eine Zeichensituation hervorruft, sowohl zeichenextern wie zeichenintern bestimmt ist.

Zur genaueren Analyse dieser neueren semiotischen Aspekte möchte ich vorab noch auf folgendes aufmerksam machen. Wenn sie auch im Rahmen der allgemei-

nen Zeichentheorie erst neuerdings auftreten, so sind es doch ältere, in Deutschland mindestens bis auf Goethe zurückreichenden Vorstellungen, die mit ihnen verbunden sind. Schon in der ersten Hälfte unseres Jahrhunderts traten insbesondere morphologische und morphogenetische Gesichtspunkte in der Biologie, in der Kristallographie und in sprachtheoretischen Überlegungen auf. Die neuere Semiotik verdankt indessen ihre Anregung zur Verfolgung morphogenetischer und topographischer Aspekte vor allem dem Werk „Stabilité structurelle et morphogenèse" von René Thom, dessen morphogenetische Modelltheorien zumeist als „Katastrophentheorie" bekannt geworden sind. Thoms Programm versteht sich als eine Theorie der „Formen" (bzw. „Gestalten") im weitesten Sinne, und zwar unter dem Gesichtspunkt deren Stabilität einerseits und ihrer Genese andererseits. (Thom 1, p. 17). Diese Theorie ist von weitreichender Allgemeinheit und umfaßt physikalische, biologische und linguistische Bereiche, „ce qu' on interprètera en disant qu' il y a changement de la forme, donc morphogenèse".
Ich führe jetzt die Unterscheidungen ein zwischen *natürlichen* (im Sinne von natürlich-vorgegebenen, nicht thetisch-eingeführten, aber triadisch interpretierbaren *Präsentamen*) und *künstlichen Zeichen* (im Sinne von thetisch eingeführten triadischen Zeichenrelationen bzw. *Repräsentamen*). Zu ersteren rechne ich Fährten, Fossilien, Spuren, Wege ect., während z. B. der „Luftdruck" im Barometer durch die Skala, also durch den Meßwert, zum triadisch interpretierten Repräsentamen wird. Das Wahrnehmungsobjekt „Fußabdruck", das Peirce aus „Robinson Crusoe" zitiert hat, gewinnt in seiner Interpretation zweifellos die Zeichenklasse Zkl(Fuß): 3.2 2.2 1.2 und damit die homogene, vollständige und eindeutige Realitätsthematik eines menschlichen Objektbezugs Rth(Mensch): 2.1 2.2 2.3. Doch wür-

de ein gewisser Grad der natürlichen Verwischung des „Abdrucks" eine im Prinzip wahrnehmbare semiosische Morphogenese bedeuten, die den „Abdruck" in einen „Rest" verwandelte, der nur noch der Realitätsthematik Rth: 2.1 1.2 1.3 eines mittelthematisierten Objekts eines unbestimmten Wesens der Zeichenklasse Zkl: 3.1 2.1 1.2 entspräche. Nach diesem Beispiel einer morphogenetischen Semiose innerhalb eines Präsentamen, möchte ich wieder etwas allgemeiner werden.

Was nun die *vorsprachlichen* phylogenetischen Zeichenursprünge angeht, so kann man sich zunächst hier nur in hypothetischen Überlegungen bewegen. Man wird einen *vor-anthropomorphischen* Entwicklungsraum eingrenzen müssen, in dem „Wahrnehmung" unabhängig von „Erkenntnis" fungiert; in dem „Wahrnehmung" wesentlich nichtverbal und zeichenfrei, unvermittelt und nur im kausalen Nexus möglich ist (wie die Hand, die im dunklen Raum unvermutet einen Körper berührt und zurückzuckt). Diese nichtverbale, zeichenfreie, präsemiotische Wahrnehmung *präsentiert* „Welt", aber repräsentiert sie nicht, doch sie muß mit großer Wahrscheinlichkeit als Ausgangspunkt der ersten Stufe einer anthropologischen Zeichenentwicklung angesehen werden. Eine primäre Prä-Zeichenentwicklung konventionalisierte und normierte sich in mehr oder weniger sich ausdifferenzierenden Wahrnehmungszügen zu *Quasi-Zeichensituationen* mit *Quasi-Zeichenverhalten,* in dem die Wahrnehmung sich zur Aufmerksamkeit verfestigte, die wiederum zu gewissen elementaren *Werkzeugen* essentiell haptischer Wahrnehmbarkeit und Handhabung (Steine, Stangen, Zweige, Gräser etc.) führte. Die selektive und koordinative Zugängigkeit sowie eine gewisse Breite der Veränderbarkeit der ursprünglich gegebenen Materialien, verknüpft mit einer immer wieder erreichbaren imitativen oder konstruktiven Anpassung, können als weitere Stufen in der natürlichen Entwicklung zu rekonstruierbaren Werkzeugen gelten. Solche morphogenetisch verständlichen „Werkzeuge“ nahmen, von heute aus gesehen, in einzelnen Phasen ihrer Ausarbeitung leicht den (wiederum von heute aus gesehen) Charakter eines als *dreistellige Werkzeugrelation*

WkR (Mittel, „Gegenstand“, Gebrauch)

beschreibbaren geordneten Zusammenhangs an.
Diese dreistellige Werkzeugrelation muß in der phylogenetischen Zeichenbildung als ein *dreistelliges Präsentamen,* aber natürlich nicht als ein triadisches Repräsentamen aufgefaßt werden.
So hat im entwicklungsgeschichtlichen Zusammenhang das „Zeichen“ (im Sinne einer gegenstandsbezogenen „Entlastungs-“, „Ersatz-“ oder „Vermittlungsfunktion“) primär sicher eine stärkere Affinität zum handhabbaren „Werkzeug“, als zum gestaltbaren „Abbild“ (im Sinne seines präsemiotischen, mehr präsentierenden als repräsentierenden Gebrauchs). Vermittelnd zwischen „Werkzeugen“ und „signalitiven Zeichengebungen“ bzw. „nichtverbalen Sprachen“ scheinen gewisse zu „Bewegungsfiguren“ selektierte Bewegungsmöglichkeiten bzw. zu „Handlungsschemata“ selektierte Handlungsabläufe gewirkt zu haben. Erst der *instrumentale* (d.h. geregelte) Gebrauchscharakter der „Bewegungsfiguren“ und „Handlungsschemata“ konnte an rekonstruierbare *semiotische* Generierungsprozeduren heranführen bzw. an die von J. Ruesch in „Semiotic Approaches to Human Relations“ (1972) als „nichtverbale Sprachen“ zusammengefaßten „Gestensprachen“, „Objektsprachen“ (die man jedoch besser als „Gegenstandssprachen“ bezeichnen würde) und „Aktionssprachen“.
Ich möchte nun das Problem der zeicheninternen Morphogenese etwas genauer umreißen. Ich verstehe darunter die morphogenetische Seite der selektiven Gene-

rierungs- und Degenerierungsabläufe innerhalb der Subzeichenfolge der trichotomischen Realitätsthematiken bzw. die entsprechenden koordinativen Generierungs- oder Degenerierungsprozesse innerhalb der triadischen Zeichenklassen.
Ich will das Problem am Beispiel des homogenen bzw. vollständigen Objektbezugs (O) erörtern, also an der Subzeichentrichotomie

(2.1 2.2 2.3).

Wie jede homogene und vollständige Trichotomie beginnt auch diese mit einem *repertoiriell* bestimmten Subzeichen, mit (2.1), dem Icon. Das ist wichtig hervorzuheben, weil durch dieses repertoirielle Moment der realitätsthematische Charakter der Trichotomie determiniert wird; denn das Repertoire zeigt die Selektierbarkeit an. Tatsächlich ist ja das Icon als solches selektierbar, insofern zu jedem Icon ein weiteres gehört, derart, daß ein gegebenes Icon (z. B. ein Paßfoto) im Prinzip eine endlose, aber abzählbare Reihe von Iconen des Icons . . . einschließt.
Nun wird das Icon, seit Peirce definiert als dasjenige objektbezogene (Sub-)Zeichen, das durch die Übereinstimmungsmerkmale, genauer durch die Menge der Übereinstimmungsmerkmale mit seinem Bezugsobjekt definiert ist. Es können mehr oder weniger viele sein, mindestens aber eines, das konstatierbar, wahrnehmbar ist. Das *Übereinstimmungsmerkmal* darf als semiotische *Invariante* des Icons bezeichnet werden.
Wie jede homogene und vollständige trichotomische Realitätsthematik eines Zeichens (im Sinne einer triadischen Zeichenrelation) muß auch die des Objektbezugs O (also die Trichotomie Ic, In, Sy) aus dem *repertoiriellen Icon* (2.1) als dem speziellen Repertoire der „Secondness“ bzw. der objektbestimmten kategorialen

Realität der (.2.) selektiv generierbar sein. Tatsächlich kann sowohl der Index (2.2) wie auch das Symbol (2.3) aus dem Icon (2.1) selektiv rekonstruiert werden. Denn im Verhältnis zum reperoiriellen Icon (als der *Menge* der Übereinstimmungsmerkmale) ergibt sich ein Index als jenes selektiv-singuläre, minimalisierte Teil-Icon, das die Menge der **Übereinstimmungsmerkmale** des iconischen Objektbezugs (zwischen dem Zeichen und dem Objekt) auf (ein oder auch mehrere) kausal oder direktiv determinierende **Verbindungsmerkmale** kennzeichnender Intention selektiv reduziert. Wir sprechen daher von dem *direktionellen Index* (2.2). Aus diesem direktiven Index kann schließlich ein *hypothetisches Symbol* der abstrakt zusammengefaßten **Existenzmerkmale** konventionell-selektiv nominiert werden. Damit ist durch die Generierungsfolge *(repertoirielles* Icon > *direktioneller* Index > *hypothetisches* Symbol) die semiotische *Morphogenese* der vollständigen und homogenen Trichotomie des realitätsthematischen Objektbezugs (Icon, Index, Symbol) in erster Näherung ausreichend sichtbar geworden. Was die beiden anderen trichotomischen Realitätsthematiken (von M und von O) anbetrifft, so zeigt ihre Generierungsfolge selbstverständlich eine entsprechende morphogenetische Konstituierung, wenn man die Trichotomie des repertoiriellen Mittels (Qualizeichen, Sinzeichen, Legizeichen) als ,,qualifiziertes" (1.1), „quantifiziertes" (1.2) und ,,konventionalisiertes" (1.3) Mittel und die Trichotomie des kontextlichen Interpretanten (Rhema, Dicent, Argument) etwa als „offener" (3.1), „geschlossener" (3.2) und ,,vollständiger" (3.3) Kontext einführt. Denn die Attribute „offen", „geschlossen" und „vollständig" beziehen sich auf die morphematische Struktur der abstraktiv-selektiv zusammenhängenden Systeme wie sie Kontexte bzw. Konnexe darstellen und auf einem ebenfalls selektiv zugängigen Medium (Mittel) rekonstruierbar sind.

Den „Likeness"-Aspekt, der von Peirce gelegentlich benutzt wurde, um das Icon zu beschreiben, und den 1953 A. Landé in seinem Aufsatz „Continuity, A Key to Quantum Mechanics" in die Mikrophysik der Entropie einführte, kann als eine Art materielles Modell für die Konzeption der semiotischen Morphogenese betrachtet werden. Landé formulierte: „Whenever two substances, originally confined in separate domains are allowed to spread to a common domain, then the amount of work obtainable from such a process is a *continuous* function of the degree of likeness between the two substances." Als mehr empirische Fassung dieses Ansatzes formuliert er den Begriff des Grades der „fractional likeness" zwischen zwei Gaszuständen. Die „likeness fractions" zwischen „Ähnlichkeit" und „Nicht-Ähnlichkeit" von Zuständen gewisser Art kann übrigens mathematisch beschrieben werden. Ich erwähne das, weil die mathematische Beschreibung von semiotischen Übergangs- oder Morphogeneseverhältnissen im Rahmen der mathematischen Entwicklung der Semiotik wichtig werden könnte. So setzt also Landé für die Ähnlichkeitsverhältnisse A und B einer Substanz (d. h. semiotisch: zwei Subzeichen einer Realitätsthematik) für den „degree of fractional likeness" allgemein

$$q(A,B)$$

und differenziert dann zwischen „like" ($:q_{AB}=1$) und „unlike" ($:q_{AB}=0$). Hat man es (wie beim Icon) mit einer Folge (Ähnlichkeitsfolge) zu tun, gilt für die vollständige Folge von ähnlichen oder nichtähnlichen Zuständen

$$q(A_k, A_{k'}) = \delta_{kk'}$$

darin ist δ das bekannte Kroneckersche Symbol, für das hier gilt

$$\delta_{kk'} \begin{cases} 1 \text{ für } k=k' \\ 0 \text{ für } k \neq k' \end{cases}$$

Ich breche hier den eigentlichen Teil meiner phylogenetischer, morphogenetischer und topographischer Gesichtspunkte in die Semiotik bzw. Repräsentationstheorie auf der Grundlage triadischer Zeichenrelationen ab. Sie betonen den Unterschied zwischen relationalen Zuständen und relationalen Prozeduren, ohne dabei die ursprüngliche materiale Gestaltkonzeption des natürlichen Zeichenbegriffs völlig aufzugeben. Im Gegenteil, hier stellte sich ein gewisser Übergang zwischen einem natürlichen und einem theoretischen Zeichenbegriff her, der für eine anwendbare allgemeine Zeichentheorie wesentlich ist.
Im Umkreis dieser Überlegungen tauchen Fragen auf, die auch die Morphogenese solcher intelligiblen Gebilde wie Zahl und Kalkül betreffen, insbesondere den Zusammenhang zwischen Ziffer und Zahl einerseits und zwischen Zahl und Kalkül andererseits. Denn offensichtlich handelt es sich hier um Zeichengebilde und stellen deren morphogenetische Zusammenhänge auch Semiosen, also Zeichenprozesse dar. Ich meine hier die „Zahl" im Sinne der allgemeingültigen Fixierung einer „Seinssetzung", und zwar gleichzeitig durch eine hypothetisch-platonische Vorstellung und eine hypotypotisch-realisierende Auszählung (Weyl 1, Kant 1, Peirce 1), aber auch die Zahl im Sinne der diese bezeichnenden „Ziffer", d. h. als figürliches oder sprachliches Zeichen zum Zwecke der Darstellung, der Kennzeichnung bzw. der Vermittlung der existenzsetzenden Zahl. Die vermittelnde Ziffer und die existenzsetzende Zahl und deren diskrete Reihung oder Kontinuum kann man sich leicht in einer triadischen Zeichenrelation denken,

in der zwischen dem Mittel (Ziffer), dem Objektbezug (Zählzahl) und dem Interpretanten (des Nachfolgeprinzips) unterschieden wird. Doch besteht in diesem Fall zwischen Ziffer, Zählzahl und Nachfolger eine etwas zu schwache realitätsthematische Homogenität, um von einer echten Zeichenrelation zu sprechen, man müßte sich wohl mit einer Art von präsemiotischer „Werkzeugrelation" begnügen, aber auf diese Weise ein relationales Zwischenglied gewinnen, das die quasisemiotische Morphogenese zwischen Ziffer und Zahl vermittelt.
Nun hat jedoch Peirce schon im Jahre 1867 eine „New List of Categories" veröffentlicht und dabei drei universale und fundamentale Kategorien eingeführt, die er durch die ordinalen Zahlenterme „Erstheit", „Zweitheit" und „Drittheit" bezeichnete. Doch umfaßte diese ordinalzahlige Folge („1.", „2.", „=.") zugleich auch eine kardinalzahlige Folge, indem jede der ordinalen Bewertungen als relationales „Gebilde", nämlich als eine „einstellige", eine „zweistellige" und eine „dreistellige" geordnete Relation verstanden werden sollte. Diese drei ordinal-kardinalen geordneten Relationsgebilde bzw. Relationsfunktionen „Erstheit", „Zweitheit", „Drittheit" nannte Peirce fundamentale „Universalkategorien". Offensichtlich erfüllen diese ordinalkardinalen Terme die numerischen Bedingungen der (drei ersten) Zahlen (der Natürlichen Zahlenreihe) wie auch die referentiellen Bedingungen (der Bedeutung) dieser Zahlen. Wir sind daher im Laufe der Entwicklung der Semiotischen Theorie in den letzten zehn Jahren bezüglich der fundamentalen „Universalkategorien" (in sinnvoller Analogie zu der Tatsache, daß die Zahlen „1", „2" und „3" Primzahlen sind) dazu übergegangen, von *Primzeichen* zu sprechen. Sie können also als primäre Zeichen aufgefaßt werden, die in jeder morphogenetischer Zeichenentwicklung als eine elementare, natürli-

che, ordnende, kennzeichnende und schematisch repräsentierende Nachfolge-Reihung von drei seinsetzenden Zeichen eines einstelligen, repetierbaren Repertoirs (etwa /, //, ///) fungieren und die eine sowohl grundlegende (fundamentale) wie allgemeingültige (universale) Bedeutung hinsichtlich der theoretischen oder praktischen Verwendung gewinnen können.
Die Primzeichen würden somit (als numerisch gekennzeichnete Stellenwerte der Fundamentalkategorien) auch als determinierende der Handlungsfigur im Schema der Werkzeugrelation bzw. des Werkzeuggebrauchs zu verstehen sein. Allerdings gilt die fundamentalkategoriale Primzeichen-Folge mindestens im Prinzip ebenso für das Herausziehen eines Nagels aus der Wand mit der Zange (also für ein dreistelliges Präsentamen) wie für die Durchführung eines Schlusses im triadischen Repräsentamen einer Schlußfigur. Denn schließlich kann man im fundamentalkategorialen Primzeichen-Schema auch das geringfügig abstrahierte und umgebildete Determinationsschema der scholastischen „causae", also die „causa materialis", die „causa efficiens" und die „causa finalis" rekonstruieren.
Man kann Überlegungen vorstehender Art in die Abläufe der Wissenschaftsgeschichte und in die Konstituierung der Wissenschaftstheorie hineinbringen. Beide Konzepte liefern Beiträge zu jener Art von Strukturveränderungen in der Forschung, die man etwas großzügig als „Revolutionen" bezeichnet hat. Eine Zeitlang hat man viel Aufhebens von Thomas Kuhns Auffassung von solchen „Revolutionen", insbesondere von ihren „Phasen-" und „Paradigmawechseln" gemacht. Die im Ganzen etwas kritiklose Aufnahme konnte kurzfristig darüber hinwegtäuschen, daß hier letztlich keine Methodik der linguistischen und wissenschaftstheoretischen Beurteilung für die Formulierung und historisch-kritische Legitimierung der bezeichneten „Paradigmata" vorlag.

E. Bense hat in ihrer Schrift „Die Beurteilung linguistischer Theorien" (1978) auch die wissenschaftstheoretische Relevanz und Funktion solcher Beurteilung hervorgehoben. Das bedeutet für mein Anliegen, daß jede echte (basiskonstituierte) wissenschaftliche Neukonzeption zugleich auch, mindestens im Prinzip, innerhalb der linguistischen Theorie bzw. in einer u. U. erweiterungsfähigen linguistischen Theorie beschreibbar bzw. legitimierbar sein muß. Und da in der evolutionistischen Wissenschaftskonzeption strukturelle Stabilitäten (bzw. Invarianzen) neben morphogenetischen Übergängen (bzw. Transformationen) fungieren, schließen m. E. die linguistisch relativ stabilen wissenschafskonzeptionellen „Matrixen" und die linguistisch relativ instabilen (ambignen) „Paradigmata" (die ja beide als sprachmateriale und als formal-relationale Zeichengebilde eingeführt sind) auch die *morphogenetisch-semiotische* Übergangsdimension ein, die weder wissenschaftsgeschichtlich noch wissenschaftstheoretisch vernachlässigt werden darf. Jede Art Beurteilung einer (fachbezogenen) Theorie kann, gerade wenn es um die Diskussion ihrer „Matrix" und ihrer „Paradigmatik" geht, neben der linguistischen und wissenschaftstheoretischen Analysis die semiotische, also die fundamentalkategoriale Basierung auf die Primzeichen und damit auf die triadische Zeichenrelationen der Zeichenklassen bzw. Realitätsthematiken, heute nicht mehr entbehren. Denn sie allein ist es, die die morphogenetisch-semiosischen Übergänge zwischen den varianten und invarianten Zuständen der entwicklungsgeschichtlichen Gegebenheiten, insbesondere auch unserer geistigen Aktivität, fundierend beschreiben und verständlich machen kann.
Erst kürzlich hat die amerikanische Archäologin D. Schmandt-Besserat in einer Untersuchung zur frühen Schriftentwicklung (Journal of Archeology, 1979) einen bedeutsamen, wenn auch indirekten Gebrauch von der

morphogenetisch-semiosischen Konzeption gemacht. Sie beschrieb den evolutionären Ursprung der Schrift- und Zahlzeichen als Übergang von den schon sehr früh gebräuchlichen kleinen, handlichen und gegenständlichen Tonsteinformen der „Zählsteine" zu den zweidimensionalen Abbildungen der Gegenstände auf Ton. Im Prinzip trat damit der als natürlicher Gegenstand zum Zeichen erklärte „Zählstein" aus seinem präsemiotischen und *präsentamentischen* Status in den semiotischen und *repräsentamentischen* Status der Schriftzeichen über. Der morphogenetisch-semiosische Übergang verläuft stets von einer *materialen* und plastisch-figürlich gegebenen Gestaltung zu einer zweidimensionalen, flächig abbildenden bzw. *abgedruckten* oder gezeichneten Form. Im Rahmen der semiotischen Theorie betrachtet, handelt es sich offensichtlich um den generativen Prozeß, der die Zeichenklasse bzw. Realitätsthematik des mittelthematisierten Objekts

Zkl (Zählstein): 3.1 2.1 1.2 x Rth: 2.1 1.2 1.3

in die des mittelthematisierten Interpretanten

Zkl (Ziffer): 3.1 2.1 1.3 x Rth: 3.1 1.2 1.3

überführt.
Nimmt man die Zeichenklasse der Zahl als solcher hinzu, die mit ihrer Realitätsthematik bekanntlich identisch ist

Zkl (Za): 3.1 2.2 1.3 x Rth (Za): 3.1 2.2 1.3

dann gewinnt man die vollständige semiotische Morphogenese der Zahl (der natürlichen Zahlenreihe) vom Zählstein über die Ziffer bis zur eigentlichen Zählzahl (bzw. dem fundamentalkategorialen Primzeichen) durch die

selektive Generierung der einander entsprechenden Subzeichen in der Folge der angegebenen Zeichenklassen.
Ich breche damit meine Erläuterung der semiotischen Morphogenese ab; die Zusammenhänge mit weiter verzweigten mathematikgeschichtlichen Konzeptionen, etwa die mögliche Aufspaltung der prä-euklidischen oder auch euklidischen Entwicklungen der Mathematik (z. B. in die semiotisch-inhaltliche und die kalkülatorisch-formalistische „mathesis universalis") werde ich an anderer Stelle behandeln.

3. Heuristik der Semiotik

Neben dem Theoretischen System der Semiotik, das stets als relationales und funktionales System von monadischen, dyadischen und triadischen „Gebilden" entwickelt werden kann, existiert natürlich das Pragmatische System seiner Anwendung, das die präskriptiven, deskriptiven und regulativen Intentionen der, im Verhältnis zu den eingeführten wissenschaftlichen Demonstrationen, tiefer liegenden, fundierenden Repräsentationsschemata umfaßt.
Doch gehört es zur wissenschaftstheoretischen Konzeption der Semiotik, zwischen ihrem theoretischen und pragmatischen System noch einen dritten, gewissermaßen verbindenden methodischen Aspekt zu beachten, der sowohl das *regulative* wie auch das *kreative* Verhältnis zwischen Theorie und Praxis betrifft. Es gibt Gründe, dieses Übergangssystem als *heuristisches* zu bezeichnen.
Solange die wissenschaftliche Arbeit theoretisch-empirisch und mehr oder weniger ausschließlich auf den Nachweis und die Vermittlung materialer oder nichtmaterialer Weltobjekte und gewisser ihrer Eigenschaften

bezogen wurde, reichten offensichtlich die sprachlich-logisch-formalen Darstellungsmittel einschließlich der mathematischen zur methodischen Theorienbildung auch aus. Als es aber notwendig wurde, mit der fortschreitenden Forschung neben den Objektzusammenhängen der Welt auch die Begründungszusammenhänge für die benutzten Darstellungs- und Erkenntnismittel in die Untersuchung und Theorienbildung einzubeziehen, wurde es auch entscheidend wichtig, deren Verfügbarkeit und Operationalität im Bereich der Bewußtseinsfunktionen durch einen theoretisierbaren Zusammenhang *fundierender, kategorialer* und *universaler* Repräsentationsschemata selbst zu begründen und zu sichern.

Genau dies leistet die Funktion der Semiotik. Denn die intendierten Übergänge bestehen ja im wesentlichen darin, gewisse bzw. beliebige (präsemiotisch oder metasemiotisch, wie wir sagten) vorgegebene Entitäten auf ihre semiotischen Repräsentationsschemata zurückzuführen, also ihre Zeichenfunktionen, Zeichenklassen, Realitätsthematiken u. s. w. zu bestimmen.

Diese Bestimmungsstücke sind jedoch weder empirisch wahrnehmbar, noch deduktiv ableitbar, wohl aber von Fall zu Fall *rekonstruierbar*. Man kann ihre gewissermaßen *technische Existenz* nur selektiv-abstrahierend, komparativ-demonstrierend und experimentell-thetisch als *evidenz-setzende* Schemata einführen, reproduzieren und erproben. Genau in diesem Sinne sprechen wir von *semiotischer Heuristik,* wenn es sich darum handelt, die Aufgabe zu lösen, die Repräsentation beliebiger nicht-semiotischer Entitäten auf der semiotischen Ebene, also fundierend, kategorial und universal durchzuführen.

Das heuristische Prinzip der Semiotik besagt, daß die fundierenden, kategorialen und universalen Repräsentationsschemata relevanter, vorgegebener Entitäten

letztlich nur semiosisch-rekonstruktiv, also in experimentell rekonstruktiven, relationalen Zeichenprozessen *auffindbar* sind; es macht die Semiotik sowohl zu einem (heuristischen) Evidenzsystem wie auch zu einem (heuristischen) Abstraktionssystem. Zeichenprozesse, wie sie von einem repertoiriell eingeführten Mittel (M) zu einem zugeordnet bezeichneten Objekt (O) und zu einem über dem gleichen Repertoire für den bezeichneten Objektbezug konstituierten Interpretanten (I) führen, entwickeln sich auf dem Wege vom Qualizeichen zum Legizeichen, vom Icon zum Symbol und vom rhematischen zum argumentischen Interpretanten zuordnend oder selektiv stets als Vorgänge wachsender bzw. *generierender Abstraktion,* deren einzelne semiotische Stufen oder Subzeichen innerhalb der homogenen Realitätsthematiken *selektiv* und innerhalb der homogenen Zeichenklassen *koordinativ* erreichbar und evident werden. Die Repräsentationsschemata monadischer, dyadischer und triadischer Relationalität und Funktionalität sind also im Prinzip als abstrahierte „Gebilde" anzusehen, und die bekannte (kleine oder große) semiotische *Matrix* der Subzeichen zeigt mit der kategorial ansteigenden *Semiotizität* (1.1 → 3.3) zugleich den damit verbundenen Grad der generierenden *Abstraktion* der Subzeichen (Qualizeichen → Argument) an.
Abstraktion und Semiotizität bestimmen natürlich nur relative bzw. relationale Zustände oder Phasen im Verlauf ihrer Bildungsprozesse. Und diese sind im allgemeinen auch keineswegs symmetrisch-reversibel. Eine Semiose und ihre Retrosemiose verhalten sich insbesondere in den speziellen, konkreten Fällen *asymmetrisch* zueinander. Eine Semiose wie z. B. (2.1 ⟹ 2.2), die von einem gewissen Icon zu einem bestimmten Index entwickelt wird, muß, da bekanntlich das *eine* Icon unbestimmt *viele* Indices selektiv generieren läßt, retrosemiosisch nicht zum ursprünglichen Icon zurückführen,

sondern z. B. auch zum extensional veränderten (2.2 $\Longrightarrow$ 2.1'). Das gilt ganz allgemein für das semiotische Verhältnis dyadischer und auch triadischer Semiosen in den selektiv konstituierten Realitätsthematiken zu ihren Retrosemiosen, die sich nur in den abstrakten standardisierten Fällen *symmetrisch* zu ihren Semiosen verhalten.
Dieses formale semiotische Faktum hängt offensichtlich mit dem graduierenden bzw. degraduierenden Charakter sowohl der abstrahierenden wie auch der repräsentierenden Prozesse zusammen, insbesondere aber mit der Tatsache, daß in den trichotomisch-homogenen Realitätsthematiken (von M, O und I) die (Extensionalität der) *Selektierbarkeit* vom erstheitlichen über das zweitheitliche zum drittheitlichen Korrelat bzw. Subzeichen abnimmt.
Entscheidend bleibt jedoch darüber hinaus, daß zu jeder *Abstraktion* eine *evidenzsetzende* und zu jeder *Semiose* eine *existenzsetzende* (operable) Intention gehört.
Was in der Theoretischen Semiotik zunächst in laxer Redeweise als „Zeichen" im Sinne einer monadischen (Subzeichen), dyadischen (Semiose oder Retrosemiose zwischen Subzeichen) oder triadischen Zeichenfunktion (Zeichenklasse) fungiert, fungiert definitionsgemäß aus einem Repertoire einerseits und in einem gewissen System über diesem Repertoire andererseits, aber beide, semiotisches Repertoire und semiotisches System, setzen ein Minimalsystem *semiotischer Einheiten* voraus, die alle Zeichenfunktionen **und** Zeichenprozesse konstituieren: die *Primzeichen* der Peirceschen Fundamentalkategorien, also „Erstheit" (.1.), „Zweitheit" (.2.) und „Drittheit" (.3.). (vergl. meinen Aufsatz „Zeichenzahlen und Zahlensemiotik", Semiosis 6, 1977, p. 28).
Natürlich können diese Primzeichen auch axiomatisch durch implizierte Definitionen eingeführt werden. Wir

begnügen uns hier aber mit provisorischen deskriptiven Hinweisen. Denn die Primzeichen werden hier als deskriptive Zahlzeichen für die Fundamentalkategorien benutzt. Sie beziehen sich jedoch ganz allgemein auf die drei geordneten Stellenwerte der Klasse der triadisch ordnungsfähigen Zeichenfolge überhaupt, also auch auf die Folge des repertoiriellen Mittels (M), des bezeichnenden Objektbezugs (O) und dessen interpretierte Bedeutung (I) der triadischen Zeichenrelation. Der *fundamentale* und *fundierende* Charakter dieser triadisch-ordinalen Primzeichenfolge ergibt sich aus der evidenten Tatsache, daß sie auf allgemeinster und am tiefsten liegenden kategorialen und universalen Ebene möglicher Repräsentation die dreistellige Folge der Phasen bzw. Zustände der Rekonstruktion dieser Repräsentation (aufbauend oder abbauend, generativ oder degenerativ) bezeichnet und operativ beschreibt. Was darüber hinaus alsdann die monadischen, dyadischen und triadischen Zeichenfunktionen (Subzeichen oder Zeichenklassen) der Zeichenphasen angeht, so lassen sie sich ersichtlich leicht aus den Primzeichen reproduzieren, z. B., wie das in der (kleinen oder großen) semiotischen Matrix geschieht, als zeichenintern (cartesische) Produkte der triadischen Primzeichen-Relation. In dieser Matrix erscheinen übrigens die Primzeichen auch in ihrer selbstreferierten bzw. reflexiven Form von Subzeichen:

	.1.	.2.	.3.
.1.	1.1	1.2	1.3
.2.	2.1	2.2	2.3
.3.	3.1	3.2	3.3

Die hauptdiagonal angeordnete Subzeichenfolge

1.1		
	2.2	
		3.3

bestimmt die *Kategorialthematik* des Vollständigen Zeichens (1.1...3.3).

Die kategoriale Primzeichen-Relation

$$PZR(.1. > .2. > .3.)$$

fungiert nun sowohl zeichen-extern wie auch zeichen-intern; zeichen-extern ermöglicht sie das autoreproduktive *System* monadischer und triadischer Zeichenfunktionen und zeichen-intern definiert sie die Phasen der Fundierung durch die repräsentierenden Stellenwerte ihrer relationalen *Elemente* bzw. semiotischen *Einheiten*. System und Element stellen natürlich selbst semiotische Entitäten (evtl. Grenzentitäten) der Theoretischen Semiotik dar. Dabei gilt für das semiotische System (wegen seines relativ abgeschlossenen, damit entscheidbaren und koordinativen Zusammenhangs) die Zeichenklasse bzw. Realitätsthematik

$$\text{Zkl (Sys)}: 3.2 \rightarrowtail 2.2 \rightarrow 1.3 \times \text{Rth (Sys)}: 3.1 \mapsto 2.2 > 2.3$$

und für das semiotische Element (wegen seines offenen, aber jeweils singulären und iconischen Zusammenhangs mit der Ganzheit des Systems) die Zeichenklasse bzw. Realitätsthematik

$$\text{Zkl (El)}: 3.1 \mapsto 2.1 \mapsto 1.2 \times \text{Rth (El)}: 2.1 \mapsto 1.2 > 1.3.$$

Bei den Realitätsthematiken handelt es sich um den objektthematisierten Interpretanten bzw. um die Funktion ZF: I(M)F(O(O) > O(I)) für die semiotische Realität des Systems und um das mittelthematisierte Objekt bzw. um die Funktion ZF: O(M)F(M(O) > M(I)) für die semiotische Realität des Elements.
Bemerkenswerter ist die weitere Tatsache, daß die bei-

den Zeichenklassen bzw. Realitätsthematiken (für ein System und seine Einheit bzw. Element), was ihren semiotischen Zusammenhang betrifft, eine deutliche Stufung der Semiotizität in den Repräsentationsschemata aufweisen und damit auch eine selektive bzw. koordinative Zeichenklassen-Semiose definieren. Die Tatsache läßt sich semiotisch wie folgt leicht formulieren:

$$\begin{array}{lccccccc} \text{Zkl(El):} & 3.1 & 2.1 & 1.2 & \times\ \text{Rth(El):} & 2.1 & 1.2 & 1.3 \\ & \vee & \vee & \vee & & \downarrow & \downarrow & \downarrow \\ \text{Zkl(Sys):} & 3.2 & 2.2 & 1.3 & \times\ \text{Rth(Sys):} & 3.1 & 2.2 & 2.3 \end{array}$$

Man bemerkt das vollständige (triadische) Selektionsverhältnis zwischen den beiden Zeichenklassen (links) und das vollständige (triadische) Zuordnungsverhältnis zwischen den beiden Realitätsthematiken (rechts).
Man wird, meine ich, der Sachlage nur dann theoretisch näher kommen, wenn man davon ausgeht, daß in semiotischer Sicht Zeichen, im weitesten Sinne als relationale „Gebilde" (configurations) oder „Funktionen" (fonctions) verstanden, als generierbare Abstraktionsstufen und als statuierbare Evidenzsysteme aufzufassen sind. Jeder Zeichenprozeß, sofern er sich semiosisch-repräsentierend entwickelt und somit aus einem thetisch eingeführten Repertoire ($\vdash$), durch Selektionen (>) oder Zuordnungen ($\mapsto$) Repräsentationen höherer Semiotizität erreicht, entwickelt sich, vom Repertoire aus gesehen, in Abstraktionsstufen zu statuierbaren und standardisierbaren Evidenzstufen, deren höchste, was die komplexe Organisation anbetrifft, nicht in unmittelbarer *Anschauung* (perception concrète), sondern in vermittelter *Annäherung* (approximation successive) des argumentischen Interpretanten (3.2→3.3) besteht.
Auf Grund der vorstehend erörterten Zusammenhänge zwischen den Graden der anschauungs-, annäherungs- und formalisationsevidenten Abstraktionen, die offen-

bar jede Semiotizitäts- oder Repräsentationsstufe konstituieren, könnte man die neun Subzeichen der semiotischen Matrix bzw. der triadischen Zeichenklassen und der trichotomischen Realitätsthematiken auch als semiotische **Funktions-Modelle** der schematischen, abstrakten und gerade noch evidenten Repräsentationsmöglichkeiten der zeichen-externen Welt im zeichen-internen Bewußtsein ansehen.
Aber die Evidenzen der theoretischen Terme der Semiotik hängen natürlich auch von der Plausibilität ihrer sprachlichen Deskription und Definition ab. Mir scheint nun, daß Peirce im Zusammenhang mit seinen „Zehn Haupttrichotomien der Zeichen“, deren Bedeutung für die Konstituierung der semiotischen Theorie erst kürzlich Elisabeth Walther in „Die Haupteinteilungen der Zeichen bei C.S.Peirce“ (Semiosis 3, 1976) im Detail herausgearbeitet hat, auch sprachliche Prädikationen für die Subzeichen einzuführen versucht hat, die der Heuristik der pragmatischen Zeichenverwendung dienlich sein sollten. Ich zitiere im folgenden aus der deutschen Übersetzung und Ausgabe der Peirceschen Briefe an Lady Welby von 1908 (C.S. Peirce, Über Zeichen, Ed. u. Übers. E. Walther, serie rot, Stuttgart, 1965).
Peirce gibt z. B. für die Trichotomie der Mittel hier die Ausdrücke „Potizeichen“, „Aktizeichen“ und „Famizeichen“ an, die für Qualizeichen, Sinzeichen und Legizeichen stehen. Sie sind in ihrem prädikativen Gehalt deutlicher für die heuristische Prozedur, als für den Status der Präsenz der Mittel. Denn „Potizeichen“ verweist auf den „erstheitlichen“ Modus der Gegebenheit (la donnée), d. h. auf die verfügbare *Möglichkeit* der Mittel, die heuristisch vorausgesetzt werden muß. Entsprechend ist mit „Aktizeichen“ das faktisch eingeführte, benutzbare und „wirksame“ Zeichen und mit „Famizeichen“ das „vertraute“, gewohnte Zeichen beschrieben.

Für das „unmittelbare Objekt", in unserer Ausdrucksweise: für die inhomogene Realitätsthematik des mittelthematisierten Objekts (2.1 1.2 1.3), bringt Peirce die drei Prädikationen „deskriptiv", „designativ" und „kopulativ" in Vorschlag. Der Ausdruck „deskriptiv" intendiert die unmittelbare, iconisch-anschauliche Präsentation dieses „unmittelbaren Objekts", und die heuristisch-faktische Herstellung dieses „Präsentationsmodus" (der inhomogenen Realitätsthematik) macht selbstverständlich Bezeichnungsmittel erforderlich, die unmittelbar „wirksam" (1.2), aber auch „kopulativ" im Sinne der Verbund-Bezeichnung von Einzelobjekten (Haus 1, Haus 2, Haus 3...) zu einem vermittelten (Verbund)- Objekt (Häuser). Der Ausdruck „Präsentationsmodus", den Peirce in diesem Falle zur Beschreibung dessen benutzt, was wir Realitätsthematik nennen, besagt, daß hier die Realitätsthematik durch die Eigenschaften ihrer Vermittlung bestimmt wird. Im Falle des „dynamischen Objekts" hingegen, dessen Realitätsthematik des objektthematisierten Mittels durch (2.1 2.2 1.3) wiederzugeben ist, spricht Peirce vom „Seinsmodus", den er durch „abstraktiv", „konkretiv" und „kollektiv" charakterisiert. Tatsächlich beschreiben diese Prädikate Eigenschaften des „Seins" (von „Seiendem"), wobei der Ausdruck „kollektiv" vermittelnd (1.3) sich auf „Sein" als „Seiendes" bezieht.
Ich übergebe die Erörterung der weiteren sprachlichen Trichotomien der Peirceschen „Haupteinteilung der Zeichen", die wir als konstruktiv auffindbares System der (homogenen oder inhomogenen) Realitätsthematiken verstehen. Es sollte angedeutet werden, wie weit sprachliche Ausdrücke Leitlinien semiotischer Rekonstruktion sein können.
Jede heuristisch-pragmatische Verwendung relationaler Zeichenfunktionen, Zeichenklassen und ihrer Realitätsthematiken sowie Superisationen hat zum Ziel die Gewin-

nung allgemeinerer und tiefer liegender Repräsentations- und Fundierungsschemata für relevant und spezieller vorgegebene, problematisch fungierende Entitäten; fast immer geht es dabei natürlich um die Beseitigung methodologisch-wissenschaftstheoretischer oder ontologisch-erkenntnistheoretischer Schwierigkeiten in notwendig gewordener Theorienbildung.

Erkenntnistheoretisch handelt es sich dabei vor allem um Abgrenzungs- und Übergangsprobleme zwischen theoretischen und empirischen Termen der „interpretierten Theorien" (Ramsay, Carnap) und darüber hinaus um die realitätsthematischen Unterscheidungen zwischen im Prinzip vollständiger und unvollständiger Naturbeschreibung (Einstein, Bohr) bzw. objektivitätsorientierter und subjektivitätsverknüpfter Realgehalte (Heisenberg, Planck). Wissenschaftstheoretisch hingegen sind für die semiotische Konzeption und Analysis neben engeren und spezielleren Begründungsproblemen insbesondere die allgemeinen Fundierungsversuche hinsichtlich einzelner Theorien, Theoriensysteme oder vollständiger Disziplinen wie vor allem der Mathematik relevant (Russell, Hilbert, Brouwer; Gentzen, Gödel, Tarski; Quine, Curry, Cohen, Lawvere). L. Henkin hat in seinem Aufsatz „The Foundations of Mathematics" vor ein paar Jahren eine zusammenfassende Darstellung der verwirrt zwischen interner Autofundierung schwankenden und das eigentliche Begründungsproblem entweder verwischenden oder verfehlenden gegenwärtigen mathematischen Grundlagenforschung gegeben. Aus seinen Erörterungen kann man erkennen, daß das, was heute vielfach Fundierung genannt wird, lediglich in einer Extensionalisierung von Begriffen und Theoremen zu einer erweiterten axiomatisch-deduktiven Theorie besteht. Daher bemerkt auch Henkin einsichtsvoll, daß die mathematische Grundlagenforschung lediglich zu einem Zweig der Angewand-

ten Mathematik geworden ist. Selbstverständlich hat mit dieser Bemerkung zugleich die schon 1934 von A. Heyting vertretene Auffassung Raum gewonnen, daß die axiomatische Methode, so wichtig sie sich für die Mathematik erwiesen hat, für die autonome Begründung einer mathematischen Wissenschaft ungeeignet sei; sie bedürfe „zur Sinngebung ihrer Resultate immer einer außeraxiomatischen Interpretation" (Mathematische Grundlagenforschung, 1934, p. 31). **Fundierung** ist also nicht identisch mit **widerspruchsfreier** logischer **Herleitung** von Sätzen aus hypothetischen Axiomen. Widerspruchsfreie Ableitbarkeit garantiert nur die Expansion eines konsistenten Systems, aber der hypothetische Charakter der Voraussetzungen bleibt erhalten, und er führt nur so viel Evidenz mit, wie die hypothetischen Axiome ursprünglich einführten. Aber jede effektive Fundierung hat es im Prinzip nur mit einer rückläufigen (rekursiven) Einführung neuer Evidenzen in die Theorie zu tun, also mit Evidenzen prä-axiomatischer Funktion, die den *thetischen*, nicht den *hypothetischen* Charakter der Axiome verstärken. Genau das ist übrigens auch der Sinn der Hilbertschen Devise von der Tieferlegung der Fundamente" gewesen.
Henkin hat jedoch auch darauf aufmerksam gemacht, daß gewisse Vorgänge in der jüngsten mathematischen Forschung auf essentielle Veränderungen abzielen, die vermutlich auch die traditionellen axiomatischen Konzeptionen und Grundlagenvorstellungen betreffen. Er verweist in diesem Zusammenhang nicht nur auf die seit Skolem (1919) immer wieder untersuchte Möglichkeit von „nicht-standardisierten" Modellen für Natürliche Zahlen und der damit zusammenhängenden Erweiterung der Zahlentheorie überhaupt, sondern er nennt auch jene Bestrebungen, die sich um eine rein symbolische, also theoretische Rekonstruktion der Zahl bzw. des Zahlbegriffs bemühen (Tarski, Gödel, Quine). Insbe-

sondere hebt er für die Einarbeitung des natürlichen Zahlbegriffes in eine allgemeinere *Symboltheorie* die im Rahmen der Logistik der „Schule von Münster" (H. Scholz) und deren Engagement an den bekannten Untersuchungen Alfred Tarskis 1938 publizierte Arbeit von H. Hermes „*Semiotik*, Eine Theorie der Zeichengestalten als Grundlage für Untersuchungen von formalisierten Sprachen" hervor. Hermes geht es um den Aufbau einer „Syntax" im Sinne einer „exakten Theorie einer Sprache", die wiederum als eine formale und „generelle Theorie der Zeichenreihengestalten" gedacht ist. Hinzufügen möchte ich auch, daß H. Scholz bereits 1934 und 1936 die ersten Bände der „Collected Papers" von Ch. S. Peirce in der „Deutschen Literatur-Zeitung" angezeigt hatte; Peirce war also in der „Schule von Münster" kein Unbekannter. Es ist daher kein Zufall, daß Scholz für die Untersuchungen Hermes' den Titel „Semiotik" vorschlug, auch wenn es sich bei Hermes keineswegs um eine echte Semiotik von Peirceschem Typ handelt.

Hermes' „Semiotik" wird als axiomatisierte Theorie eingeführt, in der die semiotischen Terme als rein theoretische Symbole fungieren; in diesem Sinne handelt es sich um eine syntaktische Semiotik, deren elementare Einzel-Zeichen als solche undifferenziert bleiben und in linearer Anordnung fungieren. „Zeichengestalt" wird als Klasse gleichgestalteter „Zeichenreihen" verstanden. Er ist der erste wichtige Grundbegriff dieser syntaktischen Semiotik, und er verrät sogleich auch die strukturelle Denkweise, die hier methodisch verwendet wird, um den Begriff des „Zeichens" bzw. der „Semiotik" stärker an der Logik als an einer wirklichen Semiotik von Peirceschem Typ orientieren zu können. Auch ein zweiter wichtiger Grundbegriff, der der „Verkettung" macht diese Abgrenzung erforderlich, obwohl hier scheinbar eine Annäherung an Peirce sichtbar zu werden scheint. Die „Verkettung" wird nämlich als dreistellige Relation eingeführt

$$x \text{ Verk } y\, z \rightarrow x,y,z \in ZG,$$

aber diese Dreistelligkeit hat nur eine formal-extensionale, keine intensional-graduierende Funktion wie in der triadischen Zeichenrelation vom Peirceschen Typ, die bekanntlich als eine (superierte) Relation von Relationen (einer monadischen, einer dyadischen und einer triadischen) aufzufassen ist. (vergl. meinen Aufsatz „Präsemiotische Triaden der Peirceschen Semiotik", Semiosis 12, 1978, p. 48/49).
Im Unterschied zur Peirceschen triadischen Zeichenrelation, die ein dreistelliges Repräsentationsschema (M, O, I) bzw. (.1., .2., .3.) mit zeicheninterner Zunahme der Semiotizität in den Korrelaten darstellt, fungiert die Hermessche triadische Verkettungsrelation nur als ein dreistelliges Extensionalisierungsschema mit konstanter und homogener zeicheninterner Semiotizität. Das triadische Schema der Zeichenrelation definiert also zeichenintern eine Semiose, die steigend oder fallend die Semiotizität als Grad der Repräsentation generiert oder degeneriert und wirkt sich daher *kategorial-fundierend* aus. Das triadische Schema der Verkettungsrelation hingegen definiert zeichenintern eine homogene Formalisation, die sich mit konstanter Generalisierung linear reproduzieren läßt und daher nur *strukturell-klassifizierend* verwendbar ist. Die Verkettungsrelation der axiomatisierten syntaktischen Zeichenreihen-Theorie, mit deren Hilfe also ein Übergang vom standardisierten natürlichen (Zähl)-Zahlbegriff zu einem konsequent repräsentierbaren semiotischen (Zeichen)-Zahlbegriff ermöglicht werden soll, erreicht offensichtlich nur eine formale Extensionalisierung, aber keine Fundierung stärkerer Evidenz.

Ich finde daher auch, daß der von F. W. Lawvere 1969 entwickelte Begriff der „Fundierung" der Mathematik den in der repräsentationstheoretischen Semiotik entwickelten diesbezüglichen Vorstellungen viel stärker entspricht, d. h. also tiefer und universaler gelagert ist, als dies bei Henkin der Fall ist. Lawvere vertritt bekanntlich eine kategorietheoretische Konzeption der Mathematik. Aber er geht insofern über Mac Lane's „Categorical Algebra" (1965) hinaus, als er den Begriff der „Kategorie der Kategorie" bzw. der „(Meta)-Category of Categories" (und nicht den der „Menge") als die eigentliche Grundlage des Systems der Mathematik ansieht. (Ich brauche, um dies schon vorwegzunehmen, kaum zu betonen, daß auch damit in semiotischer Auffassung durchaus noch ein „repertoirielles Mittel" als „Erstheit" eingeführt wird). Lawvere geht in seiner Konzeption übrigens von der bekannten, aber von ihm neu betonten Unterscheidung zwischen „formaler" und „konzeptualer" Mathematik aus. Zwischen der „formalen" (logisch-algebraisch formulierten) und der „konzeptualen" (die er als anschaulich-begriffliche Vorstellung verstanden wissen will) Komponente der Mathematik oder besser des mathematischen Systems besteht nun ein Prinzip der „Duality" im Sinne eines Ausschließungsprinzips, das zugleich im Sinne der Komplementarität ein Ergänzungsprinzip involviert, derart daß „the Conceptual is in certain sense the subject matter of the Formal". Indem nun „Foundations" als „the study of what is universal in mathematics" definiert wird, fordert Lawvere eine simultane formal-konzeptuale Fundierung der Mathematik. Er sieht diese verdoppelte Begründung dadurch ermöglicht, daß man die logisch-deduktive Ableitungsstruktur der Mathematik mit ihrer algebraisch-kategorialen Morphismenstruktur verknüpfen kann.
Nun haben Marty und ich (seit 1976) schon mehrfach auf

den Zusammenhang zwischen kategorietheoretischen sen zehn repräsentationstheoretischen *Dualitätssystemen* fungieren die triadischen Zeichenklassen gemäß ihrer Definition als *formale* Repräsentationsschemata und ihre trichotomischen Realitätsthematiken als die dualisiert zugeordneten *konzeptualen* Realitätsbezüge. Da die semiotische Repräsentationsebene in jedem Fall, wie die Primzeichen-Konzeption der triadischen Zeichenrelation

PZR: (.1., .2., .3.)

beweist, als universale Fundierungsebene aufgefaßt werden kann, ist jedes über einer formalen Zeichenklasse und ihrer dual konzeptualen Realitätsthematik definierte Dualitätsprinzip *fundierender* Natur.
Ich möchte zur Untermauerung des vorstehend mehrfach verwendeten und schon früher von mir eingeführten Begriffs *Primzeichen* (Zeichenzahlen und Zahlensemiotik, Semiosis 6, 1977) noch einige erweiternde definitorische Ergänzungen beibringen.
Zunächst möchte ich noch einmal betonen, daß die Primzeichen selbstverständlich zur Zeichenklasse der „Zahl" bzw. des „Zeichens" selbst gehören:

$PZ\ Zkl_{Rth}$ (Zeichen/Zahl): 3.1 2.2 1.3

Während jedoch die *pragmatisch* eingeführten Zeichen (ZR), wie Peirce auch mehrfach hervorhob, einen *hypothetischen,* also *voraus-setzenden* Status haben, zeichnen sich die *konstituierend* eingeführten kategorialen Primzeichen (PZR) durch einen *hypotypothischen,* d. h. *unter-legenden* Charakter aus. Den zur pragmatischen Verwendung *vorausgesetzten* Zeichen (ZR) werden zur fundierenden Konstituierung Primzeichen (PZR) *unterlegt.* Ich hebe dazu noch einmal die *triadische,*

d. h. die relationale, ordinale und graduierte Prä-Existenz ihrer *Fundierungs-Repräsentanz* hervor.
Semiotische Prä-Existenz der Fundierungs-Repräsentanz heißt dabei:
1. ein prä-semiotisches „Element" sein können („erstheitliches", „zweitheitliches" oder „drittheitliches");
2. einen ordinalen „Stellenwert" haben („erstens", „zweitens" oder „drittens");
3. einen kategorialen Repräsentationswert involvieren („Erstheit", „Zweitheit" oder „Drittheit").
Für die speziell *monadische* Prä-Existenz (PZ) heißt die Fundierungs-Triade: „Einsheit", „erster Stellenwert", „Kategorie des Repertoires";
Für die speziell *dyadische* Prä-Existenz (PZ > PZ') „Zweiheit", „zweiter Stellenwert", „Kategorie des Objekt-Bezugs";
Für die speziell *triadische* Prä-Existenz (PZ > PZ' > PZ''): „Dreiheit", „dritte Stelle", „Kategorie der Vollständigkeit".

Ich schließe damit diesen Exkurs über das Problem der *Fundierung* einzelner mathematischer Theorien oder der Mathematik als progressives Ganzes ab. Fundierung im echten Sinne (als „Tieferlegung der Fundamente") ist augenscheinlich formalisierend und axiomatisch nicht zu erreichen. Sie bedarf einer Theorie der relationalen Repräsentationsschemata, in der Fundierung bereits zeichenintern definiert und anwendbar ist. Da Fundierung kein **formal ordnender**, sondern ein intensional und **kategorial** ordnender Begriff ist, muß diese Ordnung in der Zeichenrelation bereits vorgegeben sein, was zwar in der semiotischen Zeichenrelation, nicht aber in der syntaktischen Verkettungsrelation der Fall ist. Voraussetzung der Anwendbarkeit des semiotischen Fundierungsbegriffs ist aber, daß die Mathematik als solche, also das System der Mathematik, insbesondere auch die Idee des axiomatischen Aufbaus (wie bei Bourbaki) auf der triadischen Repräsentationsebene darstellbar ist, was wahrscheinlich der Fall ist.

4. Zeichenklassen als Repräsentationssysteme verschiedener Ordnung

Im folgenden geht es um das Problem von Repräsentationen in Formen natürlicher und künstlicher oder konkreter und abstrakter Ausdrucks- und Darstellungsmittel durch ihnen entsprechende Zeichenklassen. Entscheidend ist dabei vor allem die Frage, wieviel verschiedene Zeichenklassen mindestens notwendig (oder hinreichend) sind, um etwa gewisse material und intelligibel bestimmte Formen wie hinreichend autonome Disziplinen, Theorien, Sprachsysteme, Texte oder auch ästhetische Entitäten semiotisch zu repräsentieren, also zu konstituieren und damit zu fundieren.
Ich gehe in meiner Überlegung aus vom System der zehn Zeichenklassen in vertikal orientierter Anordnung ansteigender Semiotizität in den Subzeichen, ergänzt durch das System der ebenso angeordneten dualen Realitätsthematiken, die ihrerseits durch ihre triadische Komplexität entitätisch charakterisiert sind:

Zkl				Rth			triadische Entität
3.1	2.1	1.1	x	1.1	1.2	1.3	vollständige Rth(M)
3.1	2.1	1.2	x	2.1	1.2	1.3	M-thematisiertes O
3.1	2.2	1.2	x	2.1	2.2	1.3	O-thematisiertes M
3.2	2.2	1.2	x	2.1	2.2	2.3	vollständige Rth(O)
3.1	2.1	1.3	x	3.1	1.2	1.3	M-thematisierter I
3.1	2.2	1.3	x	3.1	2.2	1.3	Zeichen-Thematisation
3.2	2.2	1.3	x	3.1	2.2	2.3	O-thematisierter I
3.1	2.3	1.3	x	3.1	3.2	1.3	I-thematisiertes M
3.2	2.3	1.3	x	3.1	3.2	2.3	I-thematisiertes O
3.3	2.3	1.3	x	3.1	3.2	3.3	vollständige Rth(I)

Um nun z. B. das semiotisch-fundierende bzw. entitätisch-kategoriale Repräsentationssystem der Mathematik (im Sinne ihrer reinen Theorie) zu finden und in seinem Umfang zu bestimmen, ist es nötig, den einzelnen Zeichenklassen fundierende Begriffe der (theoretischen) Mathematik, soweit sie in der axiomatisch-deduktiven Grundlagenforschung bekannt geworden sind, als Realisate zuzuordnen. Führt man das durch, bemerkt man, daß tatsächlich für jede der 10 Zeichenklassen ein Begriff existiert, der zu den Grundlagen der Mathematik gehört und, wie z.B. der Begriff der „Zahl" (Peano), der „Elementenmenge" (Cantor, Zermelo, Bourbaki, Bernays, Gödel u.a.) und auch der algebraischen „Kategorie" (Lawvere, MacLane u.a.), zur Konstituierung eines formalen, axiomatisch-deduktiven Systems der Mathematik, notwendig zu sein scheint. Dieses vollständige, semiotisch-kategoriale, fundierende und entitätische Zeichenklassensystem der Mathematik kann z. B. folgende Gestalt haben:

Zkl		Rth 1.1>1.2>1.3	tr. Entität	math. Realisat
3.1→2.1→1.1	x	1.1>1.2>1.3	v.Rth(M):	(Elementen-Menge)
3.1→2.1→1.2	x	2.1>1.2>1.3	M-them.O:	(Abbildung, Funktion)
3.1→2.2→1.2	x	2.1>2.2→1.3	O-them. M:	(Konstante)

3.2→2.2→1.2 x 2.1>2.2>2.3	v.Rth(O):	(algb. Kategorie)
3.1→2.1→1.3 x 3.1→1.2>1.3	M-them. I:	(Gleichung)
3.1→2.2→1.3 x 3.1→2.2→1.3	Zeichen-them.	(„Zahl" als solche)
3.2→2.2→1.3 x 3.1→2.2>2.3	O-them.I:	(Regel)
3.1→2.3→1.3 x 3.1>3.2→1.3	I-them.M:	(Variable)
3.2→2.3→1.3 x 3.1>3.2→2.3	I-them.O:	(Formel)
3.3→2.3→1.3 x 3.1>3.2>3.3	v.Rth(I):	(Beweis)

D.h.: das System der 10 Zeichenklassen bzw. der 10 Realitätsthematiken bildet bei geeigneter und entsprechender Einsetzung von 10 verschiedenen Grundlagenbegriffen als Realisate das semiotische Repräsentanzsystem des theoretischen Aufbaus der Mathematik (der Theorie der Mathematik als solcher). Die Theorie der Mathematik benötigt demnach offenbar alle 10 Zeichenklassen zu ihrer Konstituierung und Fundierung. Die semiotische Repräsentation der mathematischen Wissenschaft besitzt also die maximale Extension.
Die eingesetzten Begriffe dürfen nicht als axiomatische, sondern nur als pro-axiomatische Stellenwerte verstanden werden. Die Zeichenklassen bzw. ihr System der triadischen Zeichenrelationen, die eine Theorie bzw. ein System theoretischer Entitäten (im Sinne von Mindestforderungen) fundamental kategorisieren und somit auf Primzeichen festlegen, bilden kein Axiomensystem, sondern ein relationales Repräsentationssystem, das nicht durch implikative Folgerungszusammenhänge,

sondern durch generative *Semiosen* (Selektionen und Zuordnungen) bestimmt ist. Es ist auch anzunehmen, daß im Laufe der Weiterentwicklung der semiotischen Theorie diese oder jene inhaltliche Charakteristik einer Zeichenklasse durch eine andere ersetzt werden kann.
(Ich möchte noch folgendes hinzufügen dürfen. Die ausgewählten Grundbegriffe sind nicht als thematisierende Begriffe gewisser einzelner mathematischer Disziplinen zu verstehen; sie gehören vielmehr dem Gesamtbereich der die Mathematik als Ganzes formal-axiomatisch-deduktiv zu begründen versuchenden Grundlagenforschung an. Wenn dabei dem Begriff der „Elemente einer Menge" eine explizite repräsentierende Zeichenklasse zugeordnet wird (3.1 2.1 1.1), aber nicht dem Begriff der „Menge" als solcher, deren Klasse ich schon in „Vermittlung der Realitäten" als (3.2 2.2 1.2) angegeben habe, so hängt das erstens damit zusammen, daß der Begriff des „Elements" der fundierende Begriff innerhalb des Repräsentationsschemas ist und zweitens vor allem damit, daß die Zeichenklasse der „Menge" zugleich auch, wie man bemerkt, die Zeichenklasse der algebraischen Kategorie ist, die man einführte und die als „Category of Categories", wie Lawvere 1965 demonstrierte, „as a Foundation for Mathematics" dienen kann.)
Nach dieser Zwischenbemerkung scheint mir nun wichtig, das Repräsentationssystem der formalisierten Logik bzw. der Logikkalküle zu erstellen und das semiotische Verhältnis zum Repräsentationssystem der Mathematik zu fixieren. Ich gehe dabei von einer semiotischen Definition aus, die von Peirce in seiner Korrespondenz mit Lady Welby (14. 3. 1909) gegeben wurde: „Logic as the general Science of the relations of Symbols to their objects."
Danach kann das semiotische Repräsentationssystem, und zwar was die formalisierte Logik bzw. auch die Lo-

gikkalküle anbetrifft, nur aus folgenden drei Zeichenklassen bestehen:

Zkl (Log)		Rth	tr. Entität	log. Realisat
3.1 2.3 1.3	x	3.1 3.2 1.3	I-them.M	Variable
3.2 2.3 1.3	x	3.1 3.2 2.3	I-them.O	Formel
3.3 2.3 1.3	x	3.1 3.2 3.3	I-RTh(I)	Beweis

Zur semiotischen Repräsentation der Logik bedarf es offenbar nur dieser drei Zeichenklassen, die im Interpretanten verschieden sind, deren Objektbezug jedoch wie der Mittelbezug in den drei Fällen der gleiche ist, (2.3) und (1.3). Die Logik erweist sich somit (in den drei Grundbegriffen) als ausschließlich interpretantenabhängig bzw. interpretantenbestimmt. Die semiotische Extension der Mathematik, die wie gezeigt dem Vollständigen Zeichenklassensystem, somit dem Vollständigen Repräsentationssystem entspricht, umfaßt also die Logik; letztere kann aus der Mathematik semiosisch (d.h. durch Semiose) selektiert werden, aber nicht umgekehrt. Damit ist dem sogenannten (Frege-Russellschen) Logizismus mindestens die semiotische Repräsentationsgrundlage entzogen. Terme, Sätze und Regeln der Logik sind in jedem Falle Terme, Sätze und Regeln der Mathematik, aber Terme, Sätze und Regeln der Mathematik sind nicht in jedem Falle solche der Logik.
Unsere bisherigen Fragestellungen involvieren schon jetzt die weitere, ob es Ausdrucks-, Darstellungs- und Übertragungssysteme unserer geistigen Aktivität gibt, deren entitätische Realisate stets auf die identisch eine Realitätsthematik zurückführbar sind und nicht wie die Mathematik auf alle 10 oder die Logik, wie gezeigt, auf deren 3.
Ich habe nun in meinem Aufsatz „Die semiotische Konzeption der Ästhetik" (1978) gezeigt, daß der „ästheti-

sche Zustand", der das wesentliche jedes Kunstobjekts beliebiger materialer und sensueller Qualität ausmacht, stets in der zeichen-realitätsthematisch identischen Klasse 3.1 2.2 1.3 repräsentiert wird. Welche der seit der Entwicklung der Ästhetik von Kant und Hegel bis zur modernen numerischen Informationsästhetik eingeführten fundierenden und charakteristisch-entitätischen Bestimmungsstücke des Ästhetischen man als sein mögliches Realisat auswählen mag, stets erweist sich nur die Zeichenklasse 3.1 2.2 1.3 als evident verfügbar. Insbesondere die Konzeptionen der „Originalität", der „Identität der Subjektivität des Künstlers mit der Objektivität des Objekts", des „schön-seins ohne Begriff", der „Indeterminiertheit", des „Scheins", der „Fragilität", der „Unvollendbarkeit", der „Zufälligkeit", der „Unwahrscheinlichkeit", des „Birkhoffschen Quotienten" aus Ordnungselementen und Komplexität bzw. aus Redundanz und statistischer Information, kurz der zahlenmäßig beschreibbaren Verhältnismäßigkeit und Harmonizität sind realitätsthematische Repräsentationen der einen Zeichenklasse 3.1 2.2 1.3.
Natürlich muß bei der Auswahl solcher kunsttheoretischen Grundbegriffe, deren repräsentierende Zeichenklasse nur die ästhetische Realität 3.1 2.2 1.3 wiedergeben soll (begriffsgeschichtlich, kunstgeschichtlich und kunsttheoretisch), vorsichtig vorgegangen werden. Man muß beachten, daß unter jeden dieser Begriffe immer noch andere subsumiert werden können. Oft wird unter dem „Schein" noch das „Abbild", das „Modell", die „Andeutung", unter der „Unwahrscheinlichkeit" die „Seltenheit", unter „Originalität" die „Kreativität" und unter der „Harmonie" die „Proportionsverhältnisse", ja sogar die „Gestalt" oder die „Gestaltung" mitgedacht. Wenn die Zeichenklasse dabei nicht verändert wird, der „ästhetische Zustand" also die identische Realitätsthematik besitzt, bleibt der Bezug der

ästhetischen Reflexion der gleiche. Versteht man aber etwa unter „Modell“ nicht den ästhetischen „Schein“, sondern das Modell des Bildgegenstandes (der „Maler“ und sein „Modell“), dann verläßt man die ästhetische Realitätsthematik 3.1 2.2 1.3; sie geht dann über in die Realitätsthematik des Gegenstandes, also in den vollständigen Objektbezug mit der Zeichenklasse bzw. Realitätsthematik 3.2 2.2 1.2 bzw. 2.1 2.2 2.3, die einer rein iconisch-indexikalisch-symbolischen Abbildung entspricht und bar jeder ästhetischen Realität ist. Gerade solche Fälle einer möglichen unzureichenden Eindeutigkeit in der Bestimmung einer Zeichenklasse bzw. Realitätsthematik zeigen andererseits, daß die Theorie der realitätsthematischen Zeichenklassen eine Theorie der Unterscheidbarkeit der Realitätsgegebenheit bzw. der Realitätsthematisierung bedeutet. Auch wird sichtbar, daß diese Gegebenheit, sofern sie im Rahmen eines intelligiblen Systems wie einer natürlichen oder künstlichen Sprache, eines Textes, einer Theorie, eines Kunstobjektes u. dergl. gegeben ist, hinsichtlich ihrer Realitätsthematik, also hinsichtlich ihrer Thematisierung der Realität, nur auf dem System der Zeichenklassen ihrer semiotischen Repräsentation diskutiert werden kann. Ersichtlich läßt sich nur und erst auf diesem System kontrollierbar über homogene und inhomogene, vollständige und zusammengesetzte Thematisierung der „Realität“ sprechen. Erst in diesem Zusammenhang erhalten Begriffe wie „Theorie“ und „Teiltheorie“ oder „Realität“ und „Teilrealität“ einen rekonstruierbaren Sinn, und in seinem Umfang sind auch die Zeichenklassensysteme der „Logik“ und der „Ästhetik“, also SZKl (Log) und SZKl (äz) Teilsysteme oder Teilrepräsentationen des vollständigen Zeichenklassensystems.
Daß dabei die „Logik“ bzw. ihre Realitätsthematik auf die interpretantenthematisierte Realität der „Thirdness“ (.3.) und deren drei symbolische Objektbezüge

eingeschränkt wird, das bedeutet, daß die Logik nur als Interpretant an der Repräsentation bzw. Kommunikation des Universums der Realitätsthematik beteiligt ist. Die Ausdifferenzierung dieses Universums in die triadischen Realitätsbezüge M,O und I ist eine entitätensetzende Semiose in ausschließlicher Abhängigkeit vom Interpretanten.
Für die (theoretisch faßbare) „ästhetische Realität" (der Identität von Zeichenthematik und Realitätsthematik) scheint es hingegen charakteristisch zu sein, daß sie mit dem Vollständigen Zeichenklassensystem bzw. dem Vollständigen Repräsentationssystem der Realitätsthematik (wie es die Mathematik darstellt) nur über eine einzige, nämlich die realitätsthematische Zeichenklasse 3.1 2.2 1.3 der „Zahl" zusammenhängt. In dieser Zeichenklasse sind, wie ich hervorhebe, alle fundamentalkategorialen Entitäten (.1.,.2.,.3.) sowohl triadisch wie auch trichotomisch gleichmäßig verteilt, d.h., keine herrscht vor, alle Werte kommen gleich oft vor. Das heißt: während am Aufbau der logischen Realitätsthematik der Interpretant (.3.) die fundamental entscheidende Kategorie ist, fungieren in der ästhetischen Realitätsthematik die Kategorien .1. (M), .2. (O) und .3. (I) fundierend und konstituierend in gleichem Umfang; die realitätsbestimmenden Kategorien des Mittels, des Objektbezugs und des Interpretanten sind also am Aufbau der „ästhetischen" Realität gleichmäßig beteiligt, und zwar zugleich auch als ein numerisch möglicher Realitätsbezug bzw. eine numerische Realitätsthematik, die als solche immer eine Teilthematik der Mathematik bzw. eine Teilrealität des mathematisierbaren Universums der Realitäten überhaupt ausmacht.
Natürlich existiert auch für das Medium der „Sprache" eine semiotische, d.h. eine triadisch-trichotomische Repräsentation, in der das linguistische System als solches universal fundiert ist.

Im Rahmen dieser Fundierung kann dann das, was auch in spezieller Hinsicht „Text" genannt wird, generell als die thematisierende Entität linguistischer Systeme semiotisch eingeführt werden.
Was nun zunächst das „linguistische System" als solches anbetrifft, so sind es im wesentlichen zwei Zeichenklassen bzw. Realitätsthematiken, durch die es semiotisch repräsentiert werden kann:

1) Zkl_{LS}: 3.1 2.1 1.1 x Rth_{LS}: 1.1 1.2 1.3
2) Zkl_{LS}: 3.2 2.3 1.3 x Rth_{LS}: 3.1 3.2 2.3

d.h. das linguistische System als solches benötigt mindestens zwei Teilsysteme, nämlich 1. das der puren Mittel (Phonem (1.1), Morphem (1.2) und Lexem (1.3)) und 2. das der „wohlgeformten" Sätze, die (dicentische) Kontexte bilden (3.2), symbolische Objektbezüge enthalten (2.3) und lexematisch konstituiert sind (1.3). Bei den Realitätsbezügen der beiden Realitätsthematiken handelt es sich also im ersten Fall um die Vollständige Realitätsthematik des Mittels, im zweiten Fall um die Realitätsthematik des interpretantenbestimmten Objektbezugs.
Die (linguistisch thematisierende) Entität „Text" wird nun durch „offene", „geschlossene" oder auch „relativ vollständige" (texttopologische) „Zusammenhänge" linguistischer „Elemente" gegeben, die selbstverständlich ebenso syntaktische wie semantische, pragmatische oder ästhetische Konsekutivitäten oder Koexistenzen fixieren können und durch deren Ausdifferenzierung wiederum reelle „Textsorten" unterscheidbar werden, die jeweils über der Realitätsthematik des „Textes" als solchem spezifizierbar sind. Jedenfalls scheint jeder (linguistische) „Text" (Tx_i) oder ein entsprechendes „Textsystem" (STx_i) in jedem Falle als eine dreistellige „Textfunktion" (Txf) zu verstehen zu

sein, durch die eine prä-semiotische Triade Tx_i = f (Repräsentation, Information, Kommunikation) festgelegt wird, die bereits prä-linguistisch die sprachlichen, semantischen und erkenntnistheoretischen Übergangsschemata und -prozeduren zwischen der expedientellen Weltgegebenheit (ψ) und der perzipientellen Bewußtseinsaktivität (β) determiniert.
(Ich füge erläuternd hinzu, daß jeder selektierten Information, was ihre statistische Theorie anbetrifft, das Repertoire der Repräsentation vorangeht; es gibt keine Information ohne vorausgehende Repräsentation, und erst die Information ermöglicht die Kommunikation. Semiotisch gesehen wird daher innerhalb des Objektbezugs jedes Icon (2.1) zum repräsentierenden Repertoire aller selektierbaren Indizes (2.2) und Symbole (2.3.) Entsprechend gilt im Mittelbezug das Qualizeichen (1.1) als selektierbares Repertoire verfügbarer singulärer (1.2) und konventionell normierter (1.3) Zeichenmittel oder im perzipientellen Interpretanten das freie, offene Rhema (3.1) als repräsentierendes Repertoire gebundener dicentischer (3.2) und vollständiger argumentischer (3.3) Interpretanten und ihrem Effekt der Kommunikation.)
Unter diesen Voraussetzungen erkennt man in der präsemiotischen Textfunktion (f (Repräsentation, Information, Kommunikation)) nicht nur das Schema der Nachrichtenfunktion (f (Expedient, Kanal, Perzipient)), sondern auch die triadische Zeichenrelation der Semiotik (R (Mittelbezug, Objektbezug, Interpretant)). Um die Frage nach dem Zeichenklassensystem des „Textes" im generellen Sinne zu beantworten, gehen wir von der Fiktion des „idealen Textes" (Tx_i) aus, dem alle herstellbaren und verfügbaren Texte repräsentationsthematisch subsumierbar sein sollen. Wir erstellen alsdann die Zeichenklasse dieses „idealen Textes" (dessen semiotische Determination natürlich nicht mit der logischen Determination der „idealen Sprache" im Sinne Russells

u.a. verwechselt werden darf) und gewinnen daraus auf dem Wege „semiosischer Ableitung", also auf dem Wege semiosischer Generierung oder retrosemiosischer Degenerierung über den trichotomischen Subzeichen, die fundamental-kategorialen Textsorten.
Zur Festlegung der Zeichenklasse des „idealen Textes" ist zunächst sein offener Interpretantenzusammenhang festzuhalten, alsdann sein rein symbolischer Objektbezug und die konventielle Normierung der sprachlichen Mittel zu Legizeichen. Danach ergibt sich als Zeichenklasse des „idealen Textes"

$$Zkl\,(Tx_i): 3.1\ 2.3\ 1.3,$$

also eine Zeichenklasse, die auf der Ebene des mathematisch-logischen Zeichenklassensystems der Repräsentation einer „Variablen" entspricht. Damit ist der „ideale Text", was die triadische Entität seiner Realitätsthematik anbetrifft, als interpretanten-thematisiertes Mittel (I-them M) gegeben. Das bestätigt einen progressiv-hypothetischen Status der Realitätsthematik des „idealen Textes" (ein Status übrigens, wie er von Peirce auch für die Mathematik in Anspruch genommen wird (CP.4.232/233)).
Wenn man nun beachtet, daß hier nur der sprachliche, verwortete Textbegriff in Betracht gezogen ist, dessen Mittel nur als Legizeichen gegeben sein können, dann kann in der Zeichenklasse des „idealen Textes" nur das Subzeichen (3.1) der Semiose zu (3.2) und (3.3) und das Subzeichen (2.3) der Retrosemiose zu (2.2) und (2.1) zugängig sein.
Semiotisch können daher nur folgende Varianten des repräsentierten „idealen Textes" existieren, wofür ich nur kurze, modellartige, charakteristische Proben angebe:

$$Zkl(Tx_i): 3.1\ 2.3\ 1.3 \times Rth(Tx_i): 3.1\ 3.2\ 1.3: \text{I-them.M}$$

Zkl($Tx_{äz}$): 3.1 2.2 1.3 x Rth($Tx_{äz}$): 3.1 2.2 1.3: I/O-them.M

Zeichenklasse eines Textes ästhetischer Realitätsthematik: „Das lag außerhalb der Stadt und aller Pflasterwege. Er mußte über Boden gehen, der weich war, der ließ Veilchen durch; gelöst und durchronnen schwankte er um den Fuß." (G. Benn)

Zkl(Tx^{met}_{nar}): 3.1 2.1 1.3 x Rth(Tx^{m}_{nar}) 3.1 1.2 1.3: M-them.I.

Zeichenklasse eines Textes metaphorisch-narrativer Realitätsthematik: „Trübe strömte am Himmel, zuerst nebelfein, hoch über dem hohlen bläulichen Schnee; Wind sprang fetzig im West auf; die Welt versank in grauer Heiserkeit . . ." (A. Schmidt)

Zkl(Tx^{dig}_{nar}): 3.2 2.3 1.3 x Rth(Tx^{dig}_{nar}): 3.1 3.2 2.3: I-them O.

Zeichenklasse eines Textes mit digital-narrativer Realitätsthematik: „O tell me all about Anna Livia! I want to hear all about Anna Livia. Well, you know Anna Livia? Yes, of course, we all know Anna Livia. Tell me all. Tell me now . . ."(J. Joyce)

Zkl (Tx_W): 3.2 2.2 1.3xRth (Tx_W): 3.1 2.2 2.3:O-them.I.

Deskriptiver Wahrnehmungstext mit informationeller Realitätsthematik: „Und zum Abendessen gab es immer Hammelbraten, Gigot nannten sie das, auf die gleiche Weise zubereitet wie damals, als ich in Paris zur Schule ging, und drum herum Kartoffeln in Butter, sauber aussehende Kartoffeln, nicht so dunkel wie die auf amerikanische Weise zubereiteten.."(G. Stein)

Zkl (Tx_{arg}) : 3.3 2.3 1.3xRth (Tx_{arg}) : 3.1 3.2 3.3

vollständige Realitätsthematik des Interpretanten logisch-deduktiver Provenienz: „Abstrahieren wir bei einer gegebenen Menge M, welche aus bestimmten, wohlunterschiedenen concreten Dingen oder abstracten Begriffen, welche Elemente der Menge genannt werden, besteht und als ein Ding für sich gedacht wird, sowohl von der Beschaffenheit der Elemente wie auch von der Ordnung ihres Gegebenseins, so entsteht in uns ein bestimmter Allgemeinbegriff ..., den ich die Mächtigkeit von M oder die der Menge M zukommende Cardinalzahl nenne." (G. Cautor)
Ich möchte jedoch zur Erläuterung und zur Ergänzung des angeführten Beispiels eines (literarischen) Textes mit ästhetischer Realitätsthematik als Variante des theoretisch „idealen Textes" noch eine Art autonomer Konstruktion eines „Konkreten Textes" (der sogenannten „Konkreten Poesie" der Gertrude Stein, Eugen Gomringer, Haroldo de Campos u.a.) mit gewissermaßen *autoreproduktiver* Mit-Konstruktion seines „ästhetischen Zustandes" hinzufügen. Der „Konkrete Text" lautet bzw. ist folgendermaßen visuell gestaltet:

SCHLAF DES SCHLAFS DES SCHLAFS

Man muß sich vorstellen, daß dieser lineare Text von links her in die Schreibfläche eintritt und wie ein sich verkleinerndes Wortband rechts aus der Schreibfläche wieder heraustritt und damit verschwindet. Der Text ist also kein Satz, nur ein interpunktionsloses Wortband, das gleichwohl eine gewisse Zäsur aufweist, weil es ornamental gegliedert ist und die Genitivbeziehung „Schlaf des Schlafs ..." als Element eines unendlichen Rapports aufweist.
Um nun die Zeichenklasse bzw. die Realitätsthematik dieses Konkreten Textes zu bestimmen, ist es nötig, die

jeweiligen trichotomischen Korrelate der triadischen Relationsglieder M, O, I der Zeichenklasse zu erkennen. Was das Mittel M betrifft, so muß man zunächst zwischen *zwei* Repertoires unterscheiden: dem (linguistischen) Wortrepertoire und dem (metrischen) Größenrepertoire der Buchstaben. Doch für beide Fälle ist natürlich das Repertoire durch normierte, konventionelle Legizeichen (1.3) gegeben. Als Objektbezug (O) des gesamten Textes fungiert das Element des im Prinzip „unendlichen Rapports" des „Schlaf des Schlafs . ." Da mit dem wachsenden Rapport dieses Element stets kleiner als das vorangehende wird, hat jedes Element gemäß dem Vorhandensein des metrischen Repertoires einen genauen Stellenwert in der verschwindenden Wortfolge, d. h., der Objektbezug ist indexikalisch (2.2) gegeben. Wegen des „unendlichen Rapports" ist darüber hinaus der Interpretant (I) durch das offene Rhema (3.1) gegeben, und die Zeichenklasse des konkreten Textes lautet:

$$\text{Zkl}(\text{Tx}_k)\text{: } 3.1\ 2.2\ 1.3 \times \text{Rth}(\text{Tx}_k)\text{: } 3.1\ 2.2\ 1.3$$

was den Verhältnissen einer linguistisch-ästhetisch-visuellen Realität entspricht.
Diese sechs unter der Voraussetzung des „idealen Textes" und seiner Repräsentationsklasse, unterscheidbaren Textrealisate auch als hypothetische Zustände der (und damit einer) Sprache, als auch als mögliche Thematisationen der Realität zu verstehen, sofern eben alle realitätsthematischen Zeichenklassen über der triadischen Relation R(M,O,I) definiert sind und unter diesen Korrelaten realitätssetzende, kategoriale und fundamentale Thematisationen der generell verfügbaren Realität (semantisch-ontischer Provenienz) verstanden werden können.
Weitere Untersuchungen werden ergeben, wieweit die-

ses Repräsentationssystem der sprachlichen Entität „Text" zeichenintern noch korrigierbar und differenzierbar ist und zeichenextern expandiert zu werden vermag. Interessant ist natürlich, daß das Zeichenklassen- bzw. Repräsentationssystem der „Texte" im Rahmen der 10 Zeichenklassen des Vollständigen Zeichensystems und damit auch im Rahmen des Repräsentationssystems der Mathematik eine so differenzierte Relevanz besitzt. Daß der „ideale Text" mit (3.1 2.3 1.3) dort als „Variable", der „ästhetische" Textzustand mit (3.1 2.2 1.3) als „Zahl", der „metaphorisch-narrative" Text mit (3.1 2.2 1.3) als „Gleichung", der „digital-narrative" Text mit (3.2 2.3 1.3) als „Formel", der „deskriptiv-rekonstruierbare" Wahrnehmungstext mit (3.2 2.2 1.3) als „Regel" und schließlich der „argumentische" Text mit (3.3 2.3 1.3) als „Beweis" (bzw. als Nominaldefinition) auftaucht, zeigt, daß *realitätsthematische Zusammenhänge* zwischen den Entitäten unserer geistigen Aktivitäten bestehen, die jedoch nicht im System einer (syntaktisch, semantisch und pragmatisch) generierten Sprache, sondern nur in deren fundamental-kategorialem Repräsentationssystem triadischer Zeichenrelationen. Universalien können offenbar nur fundamental und kategorial legitimiert werden, und die *Einheit* des *Bewußtseins* ist vermutlich ebenfalls nur auf dieser Ebene demonstrierbar.
Ich möchte meine textsemiosische Analyse durch eine linguistisch-sprachsemiotische erweitern und abrunden.
Die Zeichenklasse des „idealen Textes"

$$Zkl(Tx_i): 3.1\ \ 2.3\ \ 1.3$$

kann, wie man sich leicht klar macht, auch als Zeichenklasse des sprachlichen bzw. eines linguistischen Systems als solchem aufgefaßt werden. Ein sprachliches System gehört stets zu einem offenen Interpretanten (z.B. dem vermehrbaren Repertoire seiner Wörter oder Sätze) mit dem Subzeichen (3.1) des repertoiriellen Rhemas, dessen einzelne mediale Elemente natürlich Legizeichen (1.3) sind und deren Objektbezüge primär als symbolische Bezeichnungen (2.3) fungieren. Diese Zeichenklasse des Sprachsystems als solchem.

Zkl(LS): 3.1 2.3 1.3

repräsentiert somit auch den linguistischen Zustand der „Dinge" bzw. der „Welt" als *hypothetische* (weil „variable") Gegebenheit.
Das bedeutet nun aber, daß mit der Zeichenklasse eines linguistischen Systems (mit „Kompetenz" und „Performanz") zugleich auch die repräsentierenden Zeichenklassen der syntaktischen, semantischen und pragmatischen Entwicklungen und Zustände der „Sprache" (bzw. der „Texte") repräsentierbar sein müssen.
Daß das der Fall ist, kann auf folgende Weise gezeigt werden, wenn man den semiosischen und retrosemiosischen Charakter der „semiotischen Ableitung" in Betracht zieht. Wenn also die „Sprache" als umfassende „Textvariable" als

Zkl(LS): 3.1 2.3 1.3

vorgegeben ist, dann können im Prinzip — und das nennen wir „semiotische Ableitung" — die Subzeichen in dieser Zeichenklasse durch Semiosen oder Retrosemiosen in Subzeichen höherer oder niederer Semiotizität transformiert werden, derart, daß für diese neuen Zustände auch veränderte thematisierte Entitäten bezeichnet werden können.
Bedenkt man nun, daß Syntax im Sinne purer Beziehung zwischen Zeichen und Zeichenreihen der Sprache fun-

giert, wird man primär ein sprachliches System (LS) als *syntaktisches* System ansehen müssen, das sein (grammatisches) Regelsystem semiosisch enthält. Daher entspricht die Zeichenklasse Zkl (LS) als solche schon der Zeichenklasse ihres syntaktischen Systems Zkl (S.syn). Wir haben demnach

Zkl (Lsyn): 3.1 2.3 1.3
mit Rth (Lsyn): 3.1 3.2 1.3

als Realitätsthematik des interpretantenthematisierten (konventionellen) Mittels (I-them.M), das offensichtlich zum Repräsentationsschema der Grammatik gehört. Der *semantische* Aspekt eines solchen sprachlichen Systems wird nun semiotisch gewonnen, indem man in Zkl (Lsyn) 3.1 durch Semiose (∨) in 3.2 und 2.3 durch Retrosemiose (∧) in 2.2 transformiert:

Zkl (Lsyn): 3.1 2.3 1.3
∨ ∧
Zkl (Lsem): 3.2 2.2 1.3

Die repräsentierende Zeichenklasse des semantischen Systems einer „Sprache" bzw. eines Textes ist also durch

Zkl (Lsem): 3.2 2.2 1.3

mit der semantischen Realitätsthematik

Rth (Lsem): 3.1 2.2 2.3,

die entitätisch einem objektthematisierten Interpretanten (O-them.I) entspricht, gegeben.
Dieser durch die (objektbezogenen) Subzeichen (2.2) und (2.3) gekennzeichnete rhematische Interpretant stellt eine semiotische Realitätsthematik dar, die das Realitätsverhältnis der Semantik der dicentischen Wahrheitsbewertung kategorial durch eine zugleich ziel- und

regelgerichtete wie symbolisch-konventionell signierte Objektbestimmung in einem „offenen“ Bedeutungszusammenhang (3.1), der wie jedes Rhema weder als „wahr“ noch als „falsch“ bezeichnet werden kann, repräsentiert. Genau diese semiotische Situation ist es, die Peirce im Sinne hatte, als er in seinem Manuskript über ,,Probability and Induction“ (Ms. 764) seine Idee des ,,Pragmatism“ durch ihre Verbindung mit dem Begriff der „Zeichen“ einerseits und dem Begriff der ,,Gewohnheiten“ andererseits verstanden wissen wollte und in einem anderen Manuskript (Ms. 324, c. 1907) betonte, daß ,,Pragmatism“ keine metaphysische Doktrin sei und sich nicht darauf beziehe, „was wahr, sondern was gemeint sei“. Ich möchte jedoch hinzufügen, daß diese semiotische Repräsentation des Pragmatismus durchaus auch den Begriff ,,Pragmatik“ legitimiert, wie ihn Morris und Carnap z.B. in logischen und wissenschaftstheoretischen Überlegungen verwendet haben und wie er in der heutigen Linguistik (z.B. bei D. Wunderlich u.a.) eine ebenso disziplinäre wie auch interdisziplinäre Rolle spielt.

Der semiotische Übergang vom dicentischen Interpretanten (3.2) in der „semantischen“ Zeichenklasse Zkl (Lsem) zum rhematischen Interpretanten (3.1) ihrer dualen Realitätsthematik Rth (Lsem) liefert in diesem Fall die repräsentationstheoretische Begründung, letztere als die der ,,Semantik“ zugeordnete ,,Pragmatik“ aufzufassen.

„Pragmatik“ besitzt also keine selbständige Zeichenklasse; ihre Zeichenklasse ist die der ,,Semantik“; und die „Semantik“ wiederum besitzt keine selbständige Realitätsthematik; ihre Realitätsthematik ist die der ,,Pragmatik“; d.h. wir identifizieren zwangsläufig auf der semiotischen Ebene die ,,Pragmatik“ als Dualform der ,,Semantik“ und umgekehrt. Peirce hat in seinen ,,Vorlesungen über Pragmatismus“, diesen Sachverhalt

umgangssprachlich verdeutlicht, wenn er von seiner ,,pragmatischen Maxime" als einer ,,korrespondierenden" spricht, die fordere, „daß man bewußt bereit ist, die Formel, an die geglaubt wird, als den Führer zur Handlung zu wählen." (Nr. 18 und 27, Ch. S. Peirce, Lectures on Pragmatism, dtsch. Ed. u. Übers. E. Walther, Hamburg 1973).
Ich breche hier meine semiotisch-linguistische Analyse ab, obwohl ich vermute, daß die semiotische Dualität bzw. Dualform zwischen Zeichenthematik (Zkl) und Realitätsthematik (Rth) noch weitere Begriffsbildungen der linguistischen Analyse erfassen, begrenzen oder erweitern kann; ich denke dabei auch an de Saussure's ,,Diachronie", an Chomsky's Unterscheidung zwischen ,,Kompetenz" und ,,Performanz" oder an die Ausdifferenzierung der ,,Oberflächenstrukturen" gegen ,,Tiefenstrukturen" sowie an die Einführung der Verzweigungsschemata. Doch möchte ich diese partiellen Überlegungen zunächst den Linguisten überlassen.

5. Die funktionale Konzeption der Zeichen

Daß Zeichen nicht nur *relationale* Repräsentationsschemata sind, sondern auch *funktionale* Repräsentationsverläufe bestimmen, ist natürlich nie bezweifelt worden. Dennoch sollte m. E. der funktionale Gesichtspunkt zwischen den zeicheninternen Abhängigkeitsverhältnissen im Aufbau der Theorie der Semiotik neben den relationalen Darstellungen stärker berücksichtigt werden, da verschiedentlich die funktionale Konzeption Zusammenhänge erkennbar werden läßt, die relational im Hintergrund bleiben. Gerade wenn es sich um Formalismen handelt, kann ein Wechsel der Darstellungsweise, der zuerst bloß als eine andere Schreibweise erschien, neue Intentionen ermöglichen. Ich hatte außerdem bereits in meinem Buch „Vermittlung der Realitäten" (1976, p. 60-62) auf die Basis semiotischer Abhängigkeitsverhältnisse hingewiesen, als ich den graphischen Verlauf der Repräsentation zwischen den Graden der Ontizität und den Graden der Semiotizität festzulegen versuchte und die Vermutung bestätigte, daß die kategorial höhere Semiotizität einer kategorial höheren Ontizität entspricht. In meinem Torontoer Vortrag (1978) formulierte ich ergänzend diese funktionale Basis der semiotischen Repräsentation, indem ich auf die theoretische Existenz eines gewissen Äquivalenzprinzips zwischen ontologischen Präsentationssystemen und semiotischen Repräsentationssystemen hinwies, dessen einfachste Fassung besagt, daß *seiend* ist, was in einer triadischen Zeichenrelation funktional *repräsentiert* wird. Ich möchte hierzu anmerken, daß Mario Bunge in seinem Buch „The Myth of Simplicity" (1963, p.52) ein entsprechendes Prinzip im Sinne hatte, als er auf seiner wissenschaftstheoretischen und erkenntnistheoretischen Ebene bemerkte, daß nur zwei Objekte „simplicity" aufweisen könnten, nämlich „things and signs" und daß er folglich zwischen „ontological und semiotic simplicity" differenzierte (wobei er sich aber leider, was die Semiotik anbetrifft, nicht auf die Peirceschen Zeichenklassen bezog, sondern auf die naiven und daher inhaltlich mißverständlichen Morrisschen „Dimensionen" syntaktischer, semantischer und pragmatischer Intention. Zu beachten ist wohl auch, daß, was die Anwendung der Semiotik angeht, im wissenschaftstheoretisch-erkenntnistheoretischen Bereich der funktionale Charakter der Zeichenbildung stärker ins Gewicht fällt, als der relationale, der augenscheinlich den Status struktureller Gebilde als solcher hervorhebt, wie er mehr dem mathematischen und logischen Aspekt entspricht. Die Peircesche elementare triadische Zeichenrelation

$$ZR=R(M,O,I)$$

vorausgesetzt, ist es also zunächst wichtig das Subzeichensystem des vollständigen Zeichens, d.h. die

Qualizeichen, Sinzeichen, Legizeichen (von M),
Icon, Index, Symbol (von O),
Rhema, Dicent, Argument (von I)

funktional, also durch M, O und I auszudrücken. Dazu jedoch eine Vorbemerkung. M, O und I sind zwar variable und somit primär theoretische Terme; sie bezeichnen aber gleichwohl präskriptive, empirische d.h. hier erfahrbare und operationelle Entitäten, die als repertoiriell eingeführtes Mittel (M), als hypothetisch zugeordneter Objektbezug (O) des Mittels und als über dem Repertoire des Mittels rekonstruierbarer Interpretant (I) des „Objektbezugs" in ihrer fundamentalen materialen Existenz stets der realen äußeren Welt angehören, selektierbar und zuordnungsfähig sind. Auf der semiotischen Ebene der fundierenden, universalen und generellen Repräsentation existieren also nur diese *drei* theoretisch-empirischen, real-möglichen *Entitäten,* die, wie gesagt, als Mittel, Objektbezug und Interpretant in jedem Falle thetisch, selektiv und rekursiv rekonstruierbar bzw. operabel sind und als *zuordnend-repräsentierende* „funktionale Relationen" zugleich die Abhängigkeitsverhältnisse und Abbildungsverhältnisse zwischen den Entitäten der (äußeren) „Welt" und den Entitäten des (inneren) „Bewußtseins" in der Form von triadischen Zeichen und ihren trichotomischen Graduierungen determinieren und transferieren.

Um nun zunächst formal die genannten Trichotomien für die Glieder der triadischen Zeichenrelation

$$ZR\ (M,\ O,\ I)$$

wiederum als funktionale Relationen eben dieser Glie-

der selbst zu gewinnen, muß man festhalten, daß sowohl die triadische *(Haupt)*-Relation (M, O, I) wie auch die trichotomische *(Stellenwert)*-Relation *geordnete* Relationen sind.
Die drei trichotomischen Subzeichen eines jeden triadischen Gliedes werden also jeweils in Abhängigkeit oder als Funktion von jedem der drei triadischen Glieder eingeführt.
D.h. die trichotomischen Glieder von (M) sind

Mf(M) : Qualizeichen
Mf(O) : Sinzeichen
Mf(I) : Legizeichen,

die trichotomischen Glieder von (O) sind

Of(M) : Icon
Of(O) : Index
Of(I) : Symbol

und die trichotomischen Glieder von (I) sind

If(M) : Rhema
If(O) : Dicent
If(I) : Argument.

Natürlich entsprechen diese Subzeichenfunktionen den neun „inneren" Produkten der schon seit Jahren benutzten „semiotischen Matrix", die eine algebraische Darstellung der trichotomischen Subzeichen und ihrer triadische geordneten Relationen bietet:

	M	O	I		
M	MM	MO	MI		Qualiz, Sinz, Legiz
O	OM	OO	OI	≡	Icon, Index, Symbol
I	IM	IO	II		Rhema, Dicent, Argument

Ich möchte zur funktionalen Konzeption noch ein paar Erklärungen deskriptiver Intention hinzufügen. Wir wer-

den das Funktionszeichen „f" in den weiteren Ausführungen weglassen und einfach M(M) ect. schreiben. Das Qualizeichen M (M) besagt also, daß das Mittel nur im Sinne seiner iterierbaren Qualität, d.h. im Sinne von „Mittel des Mittels" bzw., um ein Beispiel zu geben, „Kreide" nur im Sinne ihrer Qualität, also als „Kreide", benutzt wird. Die Funktion des Sinzeichens M(O) hingegen konzipiert dieses Subzeichen des Mittels als ein Mittel, das nicht mehr in seiner Natur als Qualität, sondern quasi in seiner Natur als Objekt, als repertoirielles Quasiobjekt fungiert, z.B. als die „rote Kreide". Und was schließlich die Funktion des Legizeichens angeht, so besagt sie, daß in diesem Falle das Mittel weder als eine benutzbare Qualität noch als ein benutzbares Quasiobjekt relevant ist, sondern hinsichtlich seiner Verwendung (wie z.B. sprachliche Bildungen im Rahmen der Gesellschaft eines Volkes) zugleich als normiertes und konventionalisiertes Mittel praktiziert wird.
In ähnlicher Weise lassen sich deskriptiv auch die trichotomischen Objektbezüge und die trichotomischen Interpretantenbezüge der triadischen Zeichenrelation funktional verstehen. Jede Repräsentation, gleichgültig ob monadisch, dyadisch oder triadisch, hat nicht nur relationalen, sondern, damit verbunden, auch einen funktionalen Charakter; sie ist in jedem Falle relational im Strukturellen und funktional in der Variabilität.
So bringt der iconische Objektbezug mit der Funktion O(M) zum Ausdruck, daß hier das repräsentierte und vermittelte Objekt in wechselseitiger Abhängigkeit in Übereinstimmungsmerkmalen abbildet. Im indexikalischen Objektbezug besagt die repräsentierende Funktion O(O), daß hier das zu vermittelnde Objekt schon zum vermittelten Objekt eindeutig und unmittelbar gehört. Der symbolische Objektbezug mit der repräsentierenden Funktion O(I) schließlich zeigt wieder wie das repertoirielle Legizeichen M(I) das normierende und kon-

ventionalisierende Moment der Abhängigkeit von I, das sich hier aber nicht auf das Mittel der Vermittlung, sondern auf das vermittelte Objekt selbst, das zum generalisierten, symbolischen Objekt wird, bezieht. Was endlich die Interpretantenfunktionen I(M), I(O) und I(I) angeht, so zeigen sie deutlich, daß der rhematische Interpretant die Konventionalisierung ausschließlich vom Mittel (z.B. in der Metapher), der dicentische Interpretant die Konventionalisierung als Normierung des (semantischen) Objektbezugs betreibt (Realdefinition) und der argumentische Interpretant seine Konventionalisierung (über M) und seine Normierung (über 0) von der autonomen Rekonstruktion seiner Vollständigkeit abhängig macht.

Im Rahmen dieser Deskriptionen und Erklärungen werden nun zunächst die (Haupt)-*Zeichenklassen* mit ihren homogenen (Haupt)-*Realitätsthematiken* als funktionale Zeichenrelationen zu entwickeln sein, will man die größere triadische bzw. trichotomische Durchsichtigkeit dieser Zeichensysteme erkennen.

F(M) :Zkl(M) :I(M) O(M) M(M) xRth(M) :M(M) M(O) M(I)
F(O) :Zkl(O) :I(O) O(O) M(O) xRth(O) :O(M) O(O) O(I)
F(I) :Zkl(I) :I(I) O(I) M(I) xRth(I) :I(M) I(O) I(I)

Es wird unmittelbar einsichtig, daß jede thematisierbare und determinisierbare theoretische Interpretation der Realität eine *repräsentierte*, nicht unmittelbar vorgegebene bzw. präsentierte Realität ist. Die Realitätsthematik erweist sich daher als relational-abhängig von einer thematisierenden Funktion des triadischen Repräsentationsschemas, nämlich der Zeichenklasse. Die thematisierenden (Haupt)-Zeichenklassen entsprechen dabei den *homogenen* (Haupt)-Realitätsthematiken. Die (Neben)-Zeichenklassen (wie etwa Zkl:I(M) O(M) M(O) oder I(O) O(I) M(I)) haben, wie ersichtlich, *inhomogene* oder *gemischte* (Neben)-Realitätsthematiken (wie in diesem Falle Rth:O(M) M(O) M(I) oder I(M) I(O) O(I). Das als (symmetrische) Vertauschungsfunktion (Dualisation-x) gegebene Abhängigkeits- (und Abbildungs)-Verhältnis zwischen Zeichenklasse und Realitätsthematik

$$Rth = x(Zkl)$$

ist somit auch Ausdruck des eingangs formulierten Repräsentationsprinzips danach *seiend* ist, was repräsentierbar ist.
Ich muß jedoch hinzufügen, daß in dem Maße wie die homogenen und vollständigen (d.h. aus allen drei Subzeichen der Trichotomie eines identischen Relats der triadischen Zeichenrelation bestehenden) Realitätsthematik *stabile* Repräsentationen einer Realität darstellen, es sich jedoch bei den inhomogenen und unvollständigen oder zusammengesetzten Realitätsthematiken um *instabile, fragile* Repräsentationen einer leicht zerfallenden Realität handelt. So stellt z.B. die homogene und vollständige Realitätsthematik O(M), O(O), O(I) bzw. Icon, Index, Symbol des trichotomisch vollständigen Objektbezugs auf die stabile Entität der weltimmanenten Objektrealität hin, während z.B. die maximal inhomogene, gemischte oder komplexe Realitätsthematik der „ästhetischen Realität" (I(M) O(O) M(I) bzw. Rhema, Index, Legizeichen) von entsprechend maximaler Instabilität ist, die sich natürlich in den wechselnden Abhängigkeitsverhältnissen der funktionalen Relationen aller drei Subzeichen äußert. Die Funktionen dieser Subzeichen sind bekanntlich nur „Zuordnungen" und diese binden, wie ebenfalls bekannt, die trichotomischen Glieder einer Realitätsthematik wesentlich schwächer als die in homogenen und vollständigen Trichotomien bestimmenden selektiven Funktionen.
Damit wird es unerläßlich, die analytische Semiotik ge-

rade der inhomogenen und unvollständigen Realitätsthematiken und ihrer Zeichenklassen auch auf die Existenz *monadischer* und *dyadischer* Realitätsthematiken und Zeichenklassen neben den triadischen auszudehnen. Solche *ungesättigten* Realitätsthematiken bzw. Zeichenklassen, wie man sie bezeichnen könnte, also etwa die monadischen Bildungen wie M(M) und O(I) (Qualizeichen und Symbol) oder die dyadischen wie etwa M(M)>M(O)) und (M)→O(I) (Qualiz. > Sinz. und Rhema→Symbol, (darin > die „Selektion" und → die „Zuordnung" bezeichnet), sind gewissermaßen *Rumpf-Klassen* bzw. *Rumpf*-Thematiken, primär also theoretische Entitäten der Repräsentation bzw. der Semiotik; es braucht wohl kaum ausführlich betont zu werden, daß die dyadischen Rümpfe durch die Repräsentationsfunktionen der „Selektion" und der „Zuordnung" zu (semiosisch oder retrosemiosisch) *geordneten* dyadischen Relationen werden.

In der folgenden Übersicht werde ich nun eine erste Klassifikation der wichtigsten funktionalen Repräsentationen bzw. Konzeptionen der Semiotik geben:

Monadische Funktionen

Repertoiriell-thetische Funktionen ($\vdash$):	$\vdash$ M (M) $\vdash$ O (M) $\vdash$ I (M)
Singularisierende Funktionen ($\dashv$):	$\dashv$ M(O) $\dashv$ O(O) $\dashv$ I(O)
Konventionell-normierende Funktionen ($\Vdash$):	$\Vdash$ M(I) $\Vdash$ O(I) $\Vdash$ I(I)

Dyadische Funktionen

	generativ	degenerativ
Selektionsfunktionen (>):	M(M)>M(O)	M(O)>M(M)
	M(O)>M(I)	M(I) >M(O)
	O(M)>O(O)	O(O)>O(M)
	O(O)>O(I)	O(I) >O(O)
	I(M)> I(O)	I(O)> I(M)
	I(O)> I(I)	I(I) > I(O)
Zuordnungsfunktio-	M(M)↦O(M)	O(M)↦M(M)
nen (↦):	M(M)↦O(O)	O(O)↦M(M)
	M(M)↦O(I)	O(I) ↦M(M)
	M(M)↦ I(M)	I(M)↦M(M)
	M(M)↦ I(O)	I(O)↦M(M)
	M(M)↦ I(I)	I(I) ↦M(M)
	M(O)↦O(M)	O(M)↦M(O)
	M(O)↦O(O)	O(O)↦M(O)
	M(O)↦O(I)	O(I) ↦M(O)
	M(O)↦ I(M)	I(M)↦M(O)
	M(O)↦ I(O)	I(O)↦M(O)
	M(O)↦ I(I)	I(I) ↦M(O)
	M(I) ↦O(M)	O(M)↦M(I)
	M(I) ↦O(O)	O(O)↦M(I)
	M(I) ↦O(I)	O(I) ↦M(I)
	M(I) ↦ I(M)	I(M)↦M(I)
	M(I) ↦ I(O)	I(O)↦M(I)
	M(I) ↦ I(I)	I(I) ↦M(I)
	O(M)↦ I(M)	I(M)↦O(M)
	O(M)↦ I(O)	I(O)↦O(M)
	O(M)↦ I(I)	I(I)↦O(M)
	O(O)↦ I(M)	I(M)↦O(O)
	O(O)↦ I(O)	I(O)↦O(O)
	O(O)↦ I(I)	I(I) ↦O(O)
	O(I) ↦ I(M)	I(M)↦O(I)
	O(I) ↦ I(O)	I(O)↦O(I)
	O(I) ↦ I(I)	I(I) ↦O(I)

Triadische Funktionen

Wir teilen die hier rubrizierten Triadischen Funktionen in „charakteristische" und „systematische" ein. Die charakteristischen Funktionen sind jeweils *einzelne,* die sich auf *eine* entitätisch verifizierbare Repräsentation (im Sinne der triadischen Relation) beziehen, z. B. auf „Objekte", „Kategorien" usf. Die systematischen Funktionen hingegen bilden *Klassen* wie sie z. B. als Zeichenklassen sowie deren Realitätsthematiken bekannt sind. Es ist klar, daß beide Typen Selektionsfunktionen (SF) oder Zuordnungsfunktionen (ZF) oder Mischungen darstellen und außerdem ist gerade für die Triadischen Zeichenfunktionen die Angabe des *Funktionswertes* von wesentlicher Bedeutung. Denn dieser Funktionswert ist ja nichts anderes als der semiotische oder kategoriale *Repräsentationswert* (RpW) der triadischen Zeichenrelation der jeweils in Betracht gezogenen Zeichenklasse oder Realitätsthematik, der als numerischer Wert der Häufigkeit der in der triadischen Funktion am meisten vorkommenden Fundamentalkategorie der „Erstheit" (M), „Zweitheit" (O) oder „Drittheit" (I) entspricht. So hat z. B. die erste rhematische Zeichenklasse den Repräsentationswert

$$Rpw(I(M) \mapsto O(M) \mapsto M(M)) = 4\ M,$$

der, wie der Übergang zur Realitätsthematik

$$Rpw(M(M) > M(O) > M(I)) = 4\ M$$

sofort zeigt, gleich dem Repräsentations- bzw. Funktionswert der Realitätsthematik des Mittels (M) ist. Die numerischen Repräsentationswerte einer Zeichenklasse und der dazugehörigen Realitätsthematik sind, was gefolgert werden darf, stets gleich. Wenn überdies die maximale Häufigkeit eines bestimmten Korrelats einer Zeichenklasse bzw. Realitätsthematik unter dem Repräsentationswert 4 liegt, tritt der Fall ein, daß (Neben)-Zeichenklassen bzw. inhomogene Realitätsthematiken mit gleichem Repräsentationswert auftreten, z. B. die rhematischen Klassen $(I(M) \mapsto O(M) \mapsto M(O))$ und $(I(M) \mapsto O(M) \mapsto M(I))$ mit dem gleichen Repräsentationswert RpW=3.

Im folgenden gebe ich nun die Repräsentationswerte der zehn Zeichenklassen bzw. Realitätsthematiken an:

RpwZkl	$I(M) \mapsto O(M) \mapsto M(M)$	$= 9$
"	$I(M) \mapsto O(M) \mapsto M(O)$	$= 10$
"	$I(M) \mapsto O(M) \mapsto M(I)$	$= 11$
"	$I(M) \mapsto O(O) \mapsto M(O)$	$= 11$
"	$I(M) \mapsto O(O) \mapsto M(I)$	$= 12$
"	$I(M) \mapsto O(I) \mapsto M(I)$	$= 13$
"	$I(O) \mapsto O(O) \mapsto M(O)$	$= 12$
"	$I(O) \mapsto O(O) \mapsto M(I)$	$= 13$
"	$I(O) \mapsto O(I) \mapsto M(I)$	$= 14$
"	$I(I) \mapsto O(I) \mapsto M(I)$	$= 15$

Mit Hilfe dieser Tabelle lassen sich also die Repräsentationsverläufe und -werte des triadischen Zeichenklassensystems und seiner Realitätsthematiken vergleichen. Man bemerkt sofort, daß die drei (Haupt)-Zeichenklassen bzw. die drei homogenen Realitätsthematiken sich durch den gleichen maximalen Repräsentationswert (=4) auszeichnen. Die Repräsentationswerte der (Neben)-Zeichenklassen bzw. inhomogenen Realitätsthematiken liegen bei <4. Man bemerkt weiterhin gewisse Symmetrieverhältnisse in der Verteilung der Häufigkeit des einen oder anderen Repräsentationswertes in dem System. In der 6. Zeichenklasse (der genuinen „Repräsentation" und damit des „Zeichens" und der „Zahl" selbst) erreicht die Verteilung der Häufigkeiten

der Repräsentationswerte die Gleichverteilung, also ihre maximale Entropie, wie ich es andeutete; (M) (O) und (I) haben jeweils den gleichen Repräsentationswert =2.
Die drei homogenen Realitätsthematiken F(M), F(O) und F(I) sind jeweils rein selektiv konstituiert; die inhomogenen Realitätsthematiken hingegen selektiv-koordinativ. Die gleichverteilt-symmetrische Realitätsthematik endlich ist ausschließlich koordinativ aufgebaut.
Man konstatiert aber auch, daß die drei homogenen Realitätsthematiken auch durch ihre deutlichen erkenntnistheoretischen Funktionen deskriptiv unterschieden werden können; sie stellen daher das erste Kontingent der *charakteristischen* triadischen Funktionen:

F(M):M(M) M(O) M(I) definiert die *fundierende* Repertoirefunktion, wenn man unter Fundierung die Rückführung einer Erkenntnisrelation auf die evidenten vermittelnden Mittel versteht;

F(O):O(M) O(O) O(I) definiert die *deskriptive* Objektfunktion, wenn man darunter die raum-zeitlich-namentliche Beschreibung des Objektbezuges versteht;

F(I):I(M) I(O) I(I) definiert die *konnexbildende* Interpretantenfunktion des Explikationszusammenhangs des Objektbezugs auf dem Mittel.
Zwei weitere *charakteristische* triadische Funktionen stellen die Zeichenklasse der „Kategorienthematik" und die Zeichenklasse der „Repräsentationsthematik" dar, wobei erstere, als Hauptdiagonale der semiotischen Matrix (3.1 2.2 1.3), sich durch maximale *Inhomogenität* auszeichnet.
Ich möchte auf Grund der voranstehenden Klassifikationen nunmehr eine systematische, zusammenfassende Definition einführen, die sich auf die Semiotik als Ganzes bezieht. Alle natürlich, künstlerisch, künstlich oder

technisch realisierbaren Ausdrucksmittel, Ausdrücke, Darstellungen signalitiver oder sprachlicher, materialer oder mentaler Gestaltung und kommunikativer, informativer, ästhetischer oder spekulativer Intention stellen im Verhältnis zu ihren *semiotischen* Repräsentationsschemata *metasemiotische* Systeme dar.

Unter *präsemiotischen* Realisaten hingegen verstehen wir die der Erkennbarkeit der Welt von dieser gewissermaßen (selbst)-emittierten und vorgegebenen *Präsentationsschemata* im Sinne dessen, was dem perzeptionellen Bewußtsein an seiner (ontogenetisch-phylogenetischen) Basis zu semiotischen *Repräsentationsschemata* selektierbar, abstrahierbar und organisierbar ist. Tatsächlich existiert für jedes, in unserem Sinne, **metasemiotische System** theoretischer, empirischer oder interpretierter Entitäten jeweils sprachlicher, visueller, haptischer, energetischer oder intelligibler Ausprägung und Evidenz auch ein **universalsemiotisches System** funktionaler Repräsentationsschemata monadischer, dyadischer oder triadischer Relation, deren multiplen und überadditiven Inbegriff wir in höchster Verallgemeinerung *Bewußtsein* nennen: Bewußtsein im Sinne *funktionaler* und *relationaler, deskriptiver* und *präskriptiver* sowie *kontrastiver* und *konstitutiver* Rezeption oder einfach Aneignung und Erkenntnis der *Welt*. Nur auf dem System der universalen, kategorialen und fundamentalen Funktionen der semiotischen Repräsentationsschemata, ihren zeichenthematisierenden und realitätsthematisierenden Klassen gelingt die *Determination* der daseinszufälligen konkreten Rezeptionsmittel der Information und Kommunikation; das heißt aber, daß es für jede intelligibel organisierte Entität eine triadische Zeichenrelation in der Form einer Zeichenklasse mit Realitätsthematik gibt, durch die sie in einem oder in mehreren sensoriell abhängigen sprachlichen oder nicht-

sprachlichen Medien *determiniert* darstellbar und vermittelbar wird.
Dabei sind nun zwei Vorgehensweisen bzw. zwei Fälle zu unterscheiden. Denn man kann zunächst nach der *isolierten*, gewissermaßen freien Zeichenklasse bzw. triadischen Funktion einer gewissermaßen unabhängigen, phänomenal gegebenen Entität wie etwa der einer „Zahl", einer „Farbe" oder einer „Behauptung" fragen. Man würde dabei bekanntlich auf die folgenden Zeichenklassen (bzw. Realitätsthematiken) stoßen:

Zkl(Z): 3.1 2.2 1.3 (bzw. 3.1 2.2 1.3), Zkl (F): 3.1 2.1 1.2 (bzw. 2.1 1.2 1.3) und Zkl (Bh): 3.2 2.3 1.3 (bzw. 3.1 3.2 2.3).

Darüber hinaus kann man aber auch nach dem aus einzelnen Zeichenklassen bestehenden Repräsentationssystem eines entitätisch komplex vorgegebenen (metasemiotischen) Systems, etwa einer Theorie oder Disziplin, etwa der „Logik" oder der „Grammatik" fragen. Dann ergibt sich also ein gewisses System von Zeichenklassen bzw. Realitätsthematiken als Repräsentationssystem der hinterfragten Theorie oder Disziplin. Voraussetzung ist, daß man die Theorie bzw. Disziplin entitätisch in ihre Grundbegriffe und Grundtheoreme ausdifferenzieren und durch ihre Zeichenklassen bzw. Realitätsthematiken bestimmen kann.
Es scheint mir sinnvoll, zum Abschluß vorstehender Überlegung, noch einmal darauf aufmerksam zu machen, daß die Semiotik als System funktionaler Relationen fundamentaler Repräsentation primär eine *heuristische, präskriptive* und *pragmatische* Disziplin ist, die als prä-axiomatische Theorie natürlich zunächst keine axiomatisch-deduktive Konstitution besitzen kann. Generativ gesehen vollzieht sich die übliche Theorienbildung auf dem logischen Schema:
Postulat, Folge, Schluß,

während der Typ der fundamentalen Repräsentationstheorie auf dem semiotischen Schema:

Einführung des Repertoires, thetische Selektion, generative Zuordnung

beruht. Diesen semiotischen Prozeduren entsprechen nun aber:

Anschauung, Bezug und Evidenz

im Sinne einer wahrnehmenden Rezeption, einer abstrahierenden Relation und einer konstruktiven Komposition und damit auch im Sinne:

repertoireabhängiger Anschauungsfunktion,
objektabhängiger Bezugsfunktion und
konnexiver Evidenzfunktion.

In diesen repräsentierenden Funktionen muß offensichtlich das ursprüngliche, thetisch eingeführte Repertoire invariant mitgeführt werden, wenn die geregelte und geordnete semiosische Prozedur der Repräsentation garantiert sein soll. Man könnte das auch so ausdrücken, daß man sagt, die ursprüngliche wahrnehmbare Präsenz der vorgegebenen *Welt* bleibe in den *autoreproduktiven* semiotischen Repräsentationsverläufen *evidenzerzeugend* erhalten, und die gesamte *Semiotik* ist letztlich eine abstrakte Theorie der *autoreproduktiven* Prozeduren der *determinierten* Repräsentation (auf den triadisch-trichotomischen Klassen der neun monadischen Zeichenfunktionen). Sofern diese determinierten semiotischen Repräsentationsschemata fundamental, kategorial und universal sind, determinieren sie auch deskriptive, abstraktive und präskriptive Theorien formaler Provenienz hinsichtlich ihrer Evidenzcharaktere.

Mit dieser letzten Äußerung kommen wir wieder auf das semiotische Faktum zurück, daß die Vertauschungsrelation bzw. Inversion, die zwischen einer Zeichenklasse und ihrer Realitätsthematik besteht, als Funktion zwischen der durch die Zeichenklasse gegebenen

„Repräsentation" und der durch die inverse Zeichenklasse gegebenen „Thematisation" aufgefaßt und durch

$$Thm = F(Rpr)$$

ausgedrückt werden kann.
Sie kann als die fundierend-kategoriale Form jeder Art klassischer oder auch nichtklassischer *Erkenntnisfunktion* oder *Erkenntnisrelation* bezeichnet werden, wenn man berücksichtigt, daß die Thematisation (der homogenen und inhomogenen Realitätsthematiken) das „erkenntnistheoretische Objekt" und die Repräsentation (in Haupt- und Nebenzeichenklassen) das „erkenntnistheoretische Subjekt" mit allen determinierbaren Übergängen einschließlich des symmetrisch-identischen (Thm = Rpr) formuliert.

6. Metasemiotische Systeme

Wir hatten bereits in früheren Arbeiten zwischen *semiotischen* (Subzeichen, Zeichenklassen, Realitätsthematiken, Superzeichen etc.) und *metasemiotischen* Systemen (linguistischen, numerischen, graphischen, künstlerischen, technischen Ausdrucksmitteln bzw. Signalen), in denen wir über die semiotischen Systeme sprechen und aus denen wir seit Peirce die theoretischen Entitäten der Semiotik (z.B. die Subzeichen) präparierten, unterschieden. So tauchte in der neueren Entwicklungsgeschichte der Wissenschaften die *fundamentale, kategoriale* und *universale* theoretische Konzeption der semiotischen Basis erst relativ spät auf, gewissermaßen erst auf einer gewissen Höhe der Ausbildung der theoretischen Mittel als solchen, deren die technische Zivilisation bedarf. Dabei wäre insbesondere die Phase jener Ergänzung der rationalen Denkweise, die diese durch die *relationalen* Vorstellungs- und Begriffsbildungen erfuhr (Occam, Mersennes Auffassung der Galileischen Mechanik, Newtons systematische Konzeption der Mechanik und Peirces Relationslogik), zu markieren.

Nun besteht natürlich das Problem der (nach Möglichkeit *generierenden*) *Klassifikation* der metasemiotischen Systeme. In meinen Ausführungen über „Zeichenklassen und Repräsentationssysteme“ habe ich bereits angedeutet, daß intelligible Systeme wie Wissenschaften, Theorien, Hypothesen, Aussagen und dergl. durch Zeichenklassen und ihre dualen Realitätsthematiken klassifiziert werden können.

Diese Überlegungen vorausgesetzt, empfiehlt sich hinsichtlich des Grades der Konkordanz eines metasemiotischen Systems mit den zehn Zeichenklassen bzw. Realitätsthematiken der rein semiotischen *Repräsentationsebene* in erster Näherung folgende Klassifikation:

Primäre metasemiotische Ebene:

das mathematische System, das die drei ordinalen (Peirceschen) Fundamentalkategorien bzw. Primzeichen stellt und zu dessen vollständiger semiotischer Repräsentation alle zehn Zeichenklassen bzw. Realitätsthematiken, einschließlich der dualitätsinvarianten Zeichen-Realitätsthematischen Klasse (3.1 2.2 1.3) der „Zahl“ nötig sind, aber auch ausreichen. (Genau dieser Umstand trägt vermutlich auch zur Erklärung der historischen Tatsache bei, daß das theoretische System der Semiotik *relativ* spät, aber das ihm zeichenklassenmäßig und realitätsthematisch äquivalent korrespondierende System der Mathematik *relativ* früh entwickelt wurde und gewissermaßen Probleme der Semiotik vorweg formulieren konnte.)

Sekundäre metasemiotische Ebene:

das linguistische System aller natürlichen und künstlichen Sprachen bzw. Präsizionssprachen, Terminologien und Kurzformen kreativ-generativen Typs, für die nachweislich im allgemeinen weniger als zehn Zeichenklassen bzw. Realitätsthematiken (meist nicht mehr als fünf) nötig sind.

Tertiäre metasemiotische Ebene:
das normative System unseres (urteilenden und interpretierenden) Denkens soweit es (im Peirceschen Sinne) die Werte-Bereiche der Logik, Ethik und Ästhetik konstituiert. Im allgemeinen genügen zur triadischen Repräsentation normativer (konventioneller) Entitäten weniger als vier Zeichenklassen bzw. Realitätsthematiken. Ich habe in den Ausführungen über „Zeichenklassen und Repräsentationssysteme" die drei Repräsentationsschemata der Logik (Variable, Formel, Beweis: 3.1 2.3 1.3; 3.2 2.3 1.3; 3.3 2.3 1.3) entwickelt. Desgleichen habe ich schon in „Die Unwahrscheinlichkeit des Ästhetischen" (1979) die oben angegebenen Zeichen-Realitätsthematische Klasse für die „Zahl" (3.1 2.2 1.3) als charakteristische Repräsentationsklasse für die „ästhetische Realität" angegeben.

Es scheint — um das nun als *heuristisches Prinzip* der *genetischen Semiose* zwischen der semiotischen und der metasemiotischen Repräsentationsebene auszusprechen —, daß dieser Übergang in den entscheidenden triadisch-trichotomisch relevanten Momenten über die entsprechende fundamental-kategoriale „Drittheit" (.3.) laufen muß, d.h. also in (1.3) oder (2.3) bzw. in (3.1), (3.2) oder (3.3) vollzogen wird.

Ich habe hier den Begriff der genetischen Semiose eingeführt, um ihn (im Unterschied zur üblichen *zeicheninternen* Semiose) auf *zeichenexterne* Prozesse zu beziehen, ihn dabei aber auch von der semiotischen Morphogenese, wie ich ihn in den Ausführungen über „Semiotische Morphogenetik" benutzte, abzutrennen.

Unser heuristisches Prinzip der genetischen Semiose

bietet also die Möglichkeit, einerseits die sprachkonstituierende Entwicklung von der semiotischen Repräsentation zur metasemiotischen und andererseits die sprachreduzierende Entwicklung von der metasemiotischen Repräsentation zur semiotischen zu verfolgen.
Ein charakteristisches Beispiel einer solchen genetischen, also zeichenextern fungierenden Semiose bietet das Schema des semiotisch-metasemiotischen Zusammenhangs zwischen der zeichentheoretischen und der numerischen Konzeption des „ästhetischen Zustandes“ („äz“). Dabei wird die semiotische (zeichentheoretische) Repräsentation des „ästhetischen Zustandes“ durch die realitätsthematisch identische Zeichenklasse

$$\text{Zkl(äz): } 3.1\ 2.2\ 1.3$$

und die metasemiotische (numerische) Repräsentation im einfachsten Falle durch den bekannten, ein „ästhetisches Maß“ (Ma(äz)) bestimmenden Birkhoffschen Quotienten

$$\text{Ma(äz)} = O/C$$

(darin ‚O‘ die Zahl der charakteristischen „Ordnungsrelationen“ und ‘C’ die Zahl der determinierenden Konstruktionselemente der „Gestalt“ des künstlerischen Gegenstandes bedeutet) gegeben. Führt man nun

$$\rightleftarrows$$

als Zeichen für den wechselseitigen Übergang zwischen semiotischer und metasemiotischer Repräsentation ein, dann kann man schreiben:

$$\text{Zkl(äz)} \leftrightarrows \text{Ma(äz)}$$

$$\text{Zkl(äz)}: 3.1\ 2.2\ 1.3 \rightleftarrows \text{Ma(äz)} = O/C$$

Nun berücksichtigen wir die schon früher gemachte Feststellung, daß die Zeichenklasse der „Zahl" (im Sinne von R) und die Zeichenklasse des „ästhetischen Zustandes" bzw. der „ästhetischen Realitätsthematik" *identisch* sind, d.h.:

$$\text{Zkl(äz)}: 3.1\ 2.2\ 1.3 = \text{Zkl(Zahl)}: 3.1\ 2.2\ 1.3$$

und die weitere Tatsache, daß Ma(äz) eine *reelle* Zahl bedeutet, dann gilt auf jeden Fall:

$$\text{Zkl(äz)} \rightleftarrows \text{Zkl(Ma(äz))},$$

und das besagt, daß das „ästhetische Maß" auf der semiotischen Ebene der triadischen Zeichenrelationen eine Repräsentation als „ästhetische Realität" besitzt.
Der „ästhetische Zustand" eines Kunstgegenstandes oder Kunstobjekts (KO) ist demnach eine thematisierte Realität, „ästhetische Realität", und von ihr muß der Kunstgegenstand (KO) (z.B. der geformte Marmorblock, das berandete Blatt der Zeichnung, die gerahmte Leinwand, die notierte Komposition etc.) unterschieden werden. Das Kunstobjekt (KO) als solches ist stets thematisierte physische Realität in Raum, Zeit, Materie und Bewegung, also

$$3.2 \mapsto 2.2 \mapsto 1.2 \times 2.1 > 2.2 > 2.3$$

und nicht

$$3.1 \mapsto 2.2 \mapsto 1.3 \times 3.1 \mapsto 2.2 \mapsto 1.3$$

wie die thematisierte ästhetische Realität des Kunstgegenstandes. Man bemerkt auch, daß physische Realität auf der durchgehend generativen Selektion ihrer homogenen und vollständigen Realitätsthematik, ästhetische Realität hingegen auf der durchgehend degenerativen Zuordnung ihrer total inhomogenen und komplexen Realitätsthematik beruht.

Mit dieser Ausdifferenzierung des *Kunstwerks* als Ganzem in physisch und ästhetisch thematisierte „Realität" wird natürlich der Gedanke nahegelegt, im physischen Zustand seine metasemiotische und im ästhetischen Zustand seine semiotische Repräsentation zu sehen.

In entsprechender Weise kann man natürlich auch verfahren, wenn man nachweisen will, daß diese oder jene linguistische oder andere Entität zum metasemiotischen System gehören bzw. auf der semiotischen Ebene repräsentiert werden können.

Für die metasemiotischen Systeme (im einzelnen wie für die Gesamtheit) bleibt jedenfalls konstitutiv, daß sie jeweils den *pragmatischen* Bereich zum *theoretischen* dieses entsprechenden semiotischen Systems bilden.

Denn die Semiotik ist ein System *theoretischer* Begriffe, zu dem es kein System empirischer Begriffe gibt, dafür aber ein solches *pragmatischer* Natur. Die Erweiterung der Wissenschaftstheorie (logisch-empirischer Konstitution etwa bei Carnap) zur semiotisch-pragmatischen Konstituierung von metasemiotischen Theorien gehört wie gesagt zum Fortschritt in diesem interdisziplinären Bereich. Hieraus ergibt sich, in Ergänzung zum *zeicheninternen* Fundierungsaxiom (danach innerhalb der triadischen Relation einer Zeichenklasse die kategorialen Primzeichen in einem degenerativen Verhältnis zueinander stehen) die Möglichkeit, ein für metasemiotische Systeme, die ja jeweils durch die Zahl der konstituierenden Zeichenklassen definiert sind, gültiges *zeichenex-*

ternes (metasemiotisches) Fundierungspostulat einzuführen.
In erster Näherung kann dieses zeichenexterne metasemiotische Fundierungspostulat folgendermaßen formuliert werden:
Was und in welchen metasemiotischen Ausdrucksmitteln, Konzeptionen, Theorien, Spachen etc. auch immer formulierbar, darstellbar und vermittelbar ist, hat auch eine *fundierende* Repräsentation in einem semiotischen System zwischen 1 bis 10 schwankender Zahl von Zeichenklassen bzw. ihren Realitätsthematiken.

7. Methodologische Komplemente

Ich möchte im folgenden, um den Stellenwert der semiotischen Theorie und des mit ihr verbundenen Pragmatismus wissenschaftstheoretisch und, was den Anwendungsbereich anbetrifft, verständlich zu machen, für gewisse Paarungen methodischer Intention den Begriff des methodologischen *Komplements* einführen. Historisch treten solche Verbindungen zweier methodischer Einstellungen natürlich schon bei Aristoteles, bei Descartes, Leibniz und Pascal auf. Insbesondere aber ist die Denkweise Kants, wenn er zwischen „apriori" und „aposteriori" oder „analytisch" und „synthetisch" unterscheidet, durch sie ausgezeichnet. Ich werde mich aber im weiteren und neueren wissenschaftstheoretischen Rahmen vor allem auf solche methodologischen Paarungen beschränken, die für die semiotische Diskussion der logisch-mathematischen Naturbeschreibung und deren repräsentationstheoretischen Grundlagen wichtig sind.
Unter einem *methodologischen Komplement* verstehe ich also ein Paar von Methoden bzw. methodischen Einstellungen, die sich, was die Anwendungsfunktion bzw.

den Anwendungsbereich anbetrifft, im Prinzip ebenso *ausschließen* wie *ergänzen* (so wie sich bei Kant ein analytisches Prädikat aus der apriorischen Definition des Gegenstandes tautologisch ergibt, während ein synthetisches Prädikat aposteriorisch sich erst aus der beobachtenden Erfahrung ergibt, aber *beide* erst die Realitätsverhältnisse des Gegenstandes, auf den sie bezogen sind, annähern können).
Dementsprechend möchte ich vor allem die methodologischen Komplemente anführen, aus deren Relation das repräsentationstheoretische Komplement *semiotisch-pragmatisch* sinnvoll und verständlich wird und deren systematische Anordnung letztlich auch eine gewisse wissenschaftsgeschichtliche Entwicklung wenigstens annäherungsweise demonstriert.
Wesentlich ist, daß in der nachfolgenden Tabelle die Konzeptionen der linken Seite einem Repräsentationsschema (triadischen Zeichenrelationen bzw. Zeichenklassen) und die Konzeptionen der rechten Seite einem Realitätsschema (von der Art einer homogenen oder inhomogenen Trichotomie) des Bezugsbereichs entsprechen.

Repräsentationsschema:		Realitätsthematik:
mathematisch	—	numerisch
logisch	—	sprachlich
hypothetisch	—	experimentell
analytisch	—	synthetisch
theoretisch	—	empirisch
deduktiv	—	anschaulich
abstrakt	—	konkret
formalistisch	—	semantisch
semiotisch	—	pragmatisch

Im Prinzip dieser methodologischen Komplemente prägt sich also die (zeicheninterne) *Dualität* der triadisch (Zkl)-

trichotomischen (Rth) Zeichenrelation aus. Darüber hinaus aber hängt dieses Prinzip auf der semiotischen Ebene auch noch mit einer gewissen repräsentationstheoretischen *Kohärenz* zusammen. Keine Methode fungiert unabhängig von ihrem Anwendungsbereich, und jede thetische Einführung eines triadischen Zeichens als Zeichenklasse muß auf ein Repertoire von Mitteln zurückgreifen, das als solches der gegebenen Welt angehört, auf die sie sich beziehen bzw. deren Objekt sie kennzeichnen. Dieses semiotische Prinzip der Kohärenz entspricht offensichtlich dem Prinzip der methodologischen Komplementarität.

8. Semiotische Dualitätssysteme

I. Nichtsemiotische Dualitätssysteme

Der Begriff der „Dualität" ist (seit Gergonne, 1826) in der Vorstellungs- und Theorienbildung der exakten Wissenschaften (Geometrie, Algebra, Logik, Physik) als ein jeweils genau definierbarer formaler Sachverhalt geläufig, um einerseits Unterscheidungen und andererseits Zusammenhänge methodisch zu charakterisieren und zu rekonstruieren.
Der Begriff bezieht sich also auf Systeme von Ausdrucksmitteln, Darstellungsmitteln aller Art, insbesondere auf Systeme von Begriffs- und Wortbildungen im Rahmen natürlicher und fachlicher Daten bzw. Informationen und Kommunikationen (Mengen, Aussagen, Regeln, Graphen, Tabellen, Prinzipien u. dergl.); er demonstriert sich in wechselseitigen Vertauschungen, komplementären Beziehungen, Umkehrungen, Vertauschungen und Symmetrien, kurz im Zusammenhang von Schematisationen ins Operationelle und Formale. Im Bereich

theoretischer Terme und Entitäten erscheint er als grundlegend.
Ich verweise, um einige relativ evidente und kontext-abhängige Formulierungen der „Dualität“ zu zitieren, auf folgende einfache Beispiele:

1. aus der Geometrie: Zwei sich schneidende Geraden bestimmen einen Punkt; zwei Punkte bestimmen eine Gerade.
2. aus der Logik: Verbindet man zwei Aussagen durch „und“ so ist die zusammengesetzte Aussage nur „wahr“, wenn jede der beiden Aussagen „wahr“ ist; verbindet man sie mit „oder“, so ist die zusammengesetzte Aussage nur „falsch“, wenn jede der beiden Aussagen „falsch“ ist.
3. aus der Booleschen Algebra (nach de Morgan und Ch. S. Peirce): wenn C das „Komplement“, $\cap$ der „Durchschnitt“ und $\cup$ die „Summe“ bezeichnet:

$$(CA) \cap (CB) = C(A \cup B)$$
$$(CA) \cup (CB) = C(A \cap B)$$

4. die wortsprachliche Formulierung dazu (nach F. Hausdorff): Der Durchschnitt der Komplemente ist gleich dem Komplement der Summe; die Summe der Komplemente ist gleich dem Komplement des Durchschnitts.
5. aus der Begriffs-Gegenstands-Theorie (nach H. Lange): Dieser Wolf ist ein Haustier; dieses Haustier ist ein Wolf.
6. aus der (neueren) Erkenntnistheorie (nach H. Weyl): Das Absolute ist subjektiv, sofern es nicht objektiv ist; das Relative ist objektiv, sofern es nicht subjektiv ist.
7. aus der experimentellen Quantenphysik (nach W. Heisenberg): Experimente, die die Wellennatur der Elektronen zeigen, zeigen nicht ihre Teilchennatur;

Experimente, die die Teilchennatur der Elektronen zeigen, zeigen nicht ihre Wellennatur.

8. aus dem Bereich der mathematisch-physikalischen Realitätskonzeption (nach A. Einstein): Insofern die Sätze der Mathematik sich auf die Wirklichkeit beziehen, sind sie nicht sicher, und insofern sie sicher sind, beziehen sie sich nicht auf die Wirklichkeit.

Zu diesen Beispielen aus den verschiedensten Bereichen der wissenschaftlichen Theorienbildung, in der die duale Systematik natürlich schärfer oder schwächer hervortreten kann, tritt nun in der neueren Entwicklung der Semiotik (als einer allgemeinen Theorie der Zeichenrelationen) das *Dualitätssystem* der Repräsentationstheorie der triadischen Zeichenrelation. Sie postuliert das duale (Inversions-)Verhältnis zwischen den zehn Zeichenklassen (der dreistelligen Repräsentationsschemata) und den entsprechenden zehn Realitätsthematiken (bzw. Realitätsbezügen) dieser Repräsentationsschemata.

Dabei sind folgende Ausgangskonzeptionen zu beachten:

1. Das „Zeichen“ (oder ein „Sub-“ bzw. ein „Superzeichen“) ist stets als eine „Relation“, nicht als ein „Objekt“ zu verstehen und dementsprechend zu verwenden.
2. Ein „Zeichen“, das also als „Zeichenrelation“ fungiert, ist nur dann ein *vollständiges* Zeichen, wenn es eine dreigliedrige (triadisch geordnete) Relation ist.
3. Die triadische Ordnung der Korrelate der Zeichenrelation erfolgt auf den drei (ordinalen) Fundamentalkategorien der „Erstheit“, „Zweitheit“ und „Drittheit“ (.1., .2., .3.) bzw. auf den ihnen entsprechenden Fundamentalrealitäten des „Mittels“ (M), des „Objektbezugs“ (O) und des „Interpretantenbezugs“ (I), und zwar so, daß jedem der drei fundamentalkategorial bestimmten Korrelaten (der triadischen Relation) ei-

ne dreigliedrig geordnete Unterrelation von Subzeichen entspricht, die jeweils als trichotomischer Realitätsbezug des jeweiligen triadischen Korrelats bezeichnet wird.

4. Das Vollständige Zeichen besteht aus den drei Korrelaten der triadischen Zeichenrelation mit den drei mal drei Unterkorrelaten der trichotomienbildenden Subzeichen.
5. Aus dem Vollständigen Zeichen lassen sich kombinatorisch die zehn (Peirceschen) Zeichenklassen als zehn verschiedene, geordnete und vollständige, also realisierbare, triadische Zeichenrelationen gewinnen, deren drei Glieder jeweils triadisch geordnete Subzeichen verschiedener trichotomischer Herkunft sind.
6. Zu jeder vollständigen, also triadischen Zeichenklasse gehört ein vollständiger oder gemischter, d.h. in der Fundamentalkategorialität homogener oder inhomogener Realitätsbezug, der Realitätsthematik heißt und durch formale Inversion bzw. Dualisierung der Zeichenklasse gewonnen wird.
7. Jede semiotische, d.h. fundamentalkategoriale triadische Repräsentation einer (benennbaren und vermittelbaren) „Entität" repräsentiert *automatisch* auch die fundamental-kategoriale homogene oder inhomogene thematisierte trichotomische Realität dieser „Entität".
8. Der automatische, formale Übergang vom triadischen Repräsentationsschema der Zeichenklasse zum trichotomischen Realisationsschema der thematisierten Realität bestimmt den faktischen Zusammenhang zwischen der präsentierten „Welt" und dem repräsentierenden „Bewußtsein" als *semiotisches Dualitätssystem.*

Die These, die nun aufgrund der vorstehenden Konzeptionen eingeführt und demonstriert werden soll, bezieht sich auf den Doppelcharakter der semiotischen Repräsentation und damit natürlich auf das bezeichnete semiotische Dualitätssystem. Sie behauptet die semiotische Dualität zwischen Repräsentation und thematisierter Realität bzw. zwischen Zeichenklasse und Realitätsthematik als eine allgemeine Eigenschaft *repräsentierender Entitäten* (Zeichen, Signale, Sprachen, Töne, Gesten, Bewegungen, Zahlen etc.) überhaupt. Das semiotische Dualitätssystem wird zum fundamental-kategorialen Dualitätssystem aller auf ihm konstituierten anderen Repräsentationssysteme mit dualer Systematik, wie es z. B. in der Geometrie oder in der Aussagenlogik der Fall ist, erklärt.

Nun entstehen, wie bekannt, aus den zehn Zeichenklassen neben den drei sogenannten reinen, homogen-vollständigen Realitätsthematiken (von (M), (O),(I) noch sieben gemischte, inhomogen-zusammengesetzte Realitätsthematiken. Unsere Bezeichnungen für diese inhomogen-zusammengesetzten Realitätsthematiken: mittelthematisiertes Objekt (2.1 ↦ 1.2 > 1.3),
objektthematisiertes Mittel (2.1 > 2.2 ↦ 1.3),
mittelthematisierter Interpretant (3.1 ↦ 1.2 > 1.3),
vollständige Zeichenthematik (3.1 ↦ 2.2 ↦ 1.3),
objektthematisierter Interpretant (3.1 ↦ 2.2 > 2.3),
interpretantenthematisiertes Mittel (3.1 > 3.2 ↦ 1.3),
interpretantenthematisiertes Objekt (3.1 > 3.2 ↦ 2.3)
zeigen die Partizipation der Subzeichen aus den drei verschiedenen Trichotomien der homogen-vollständigen Realitätsthematiken an. In den inhomogen-zusammengesetzten Realitätsthematiken können wir jedenfalls zwischen zwei Typen partieller Realitätsthematik unterscheiden: zwischen monadischen Realitätsthematiken (1.2, 2.3, 3.1 etc.) und dyadischen Realitätsthematiken (1.2 > 1.3, 3.1 > 3.2, etc.). Die drei vollständigen Realitätsthematiken (M), (O), (I) zeigen jeweils die Relation der „Selektivität“ (>). Desgleichen sind die dya-

disch-partiellen Teile der inhomogen-zusammengesetzten Realitätsthematiken, wie angedeutet, selektiv gebaut; ihre Relation zu den monadisch-partiellen Teilen ist jedoch, wie ebenfalls angedeutet, koordinativ (↦). Diese Ausdifferenzierung der homogen-vollständigen Realitätsthematiken gegen die inhomogen-zusammengesetzten bzw. der dyadisch partiellen Realitätsthematiken gegen die monadische Realitätsthematik einzelner Subzeichen ist insbesondere in den angegebenen Fundierungen, etwa sprachlich oder mathematisch formulierter Dualitäten, auf die semiotische Fundamental-Dualität zu berücksichtigen. Außerdem ist selbstverständlich, daß die Redeweise von partiellen Realitätsthematiken nur eine analytische ist, die sich auf die Funktion der dyadischen Subzeichen-Zusammensetzung oder auf die monadische Funktion eines Subzeichens in der Zeichenrelation bezieht. Sinngemäß ist sowohl die homogen-vollständige wie die inhomogen-zusammengesetzte Realitätsthematik und deren dyadische oder monadische Bestandteile nur innerhalb der triadischen Zeichenrelation richtig verwendet.

II. Semiotische Dualitätssysteme

Die funktionale Konzeption und Schreibweise der Semiotik deuten auch die Möglichkeit einer erweiterten und vertieften Analyse des semiotischen *Dualitätsprinzips* an, wie es zwischen den triadischen Zeichenklassen und ihren trichotomischen Realitätsthematiken als Umkehrrelation oder Inversion fungiert. Dieses Dualitätsprinzip macht sichtbar, wie weit und in welchem Sinne das präsentierte (vorgegebene) und repräsentierte (bezeichnete) *Sein* schon unter Voraussetzung der Peirceschen Basistheorie der Semiotik als von einander abhängige Entitäten formuliert werden können.

Beachtet man darüber hinaus, daß auch Peirce bereits die *Repräsentation* des „Being“ als eine gewisse *Thematisation* seiner „Reality“ verstand (indem er formulierte „a reality which has no representation is one which has no relation and no quality“ (CP 5.312), dann kann in jener als Dualität gekennzeichneten Relation („x“) ganz allgemein die Repräsentation in „Zeichen“ als ein semiotisch thematisierender Realitätsbezug eben dieser „Zeichen“ aufgefaßt und definiert werden. Das heißt aber, daß die funktionale Beziehung, darin F als „x“ bzw. „Umkehrung“ zu verstehen ist,

$$(Thm) = F(Rpr)$$

oder

$$Rth = x(Zkl)$$

stets die Zeichenklasse einer gewissen Entität (sagen wir z.B. einer „Menge beliebiger konventioneller Namen“) gegen deren semiotische Realitätsthematik ausdifferenziert, so daß unter Umständen in metasemiotischer, etwa umgangssprachlicher Hinsicht, realitätsthematisch eine andere oder mindestens abweichende Entität erkennbar wird oder scheint als die, die in der Zeichenklasse effektiv repräsentiert werden sollte. So ist in unserem Falle die Zeichenklasse der „offenen Menge beliebiger konventioneller Namen“ durch

$$Zkl_N\colon 3.1 \;\; 2.3 \;\; 1.3$$

gegeben. Die duale Realitätsthematik erweist sich als

$$Rth_N\colon 3.1 \;\; 3.2 \;\; 1.3$$

d.h. als ein *interpretanten-thematisiertes* repertoirielles Mittel (M), das in mathematischer Sicht die thematisierte inhomogene Realität einer „Variablen“ bedeutet.
Man muß aber auch sogleich hinzufügen, daß auf der

Ebene der Fundamentalkategorien bzw. der Prim-Zeichen („Erstheit" (.1.), „Zweitheit" (.2.) „Drittheit" (.3.) die metasemiosisch auftauchende Dualität des funktionalen Relationszusammenhangs zwischen „Repräsentation" (Zkl) und „Thematisation" (Rth) bzw. zwischen der repräsentierten „Menge" und der thematisierten „Variablen" wieder zurückgenommen wird, sofern bei veränderter Anordnung (Ordinalität) doch der kardinale Repräsentationswert RpW = 13 erhalten bleibt. Das Schema der fundamentalkategorialen Prim-Zeichen

(.1. .2. .3.)

fungiert dabei entweder hauptwertig (3. 2. 1., in Zkl) oder stellenwertig (.1 .2 .3, in Rth).
Jedenfalls wird gerade mit der Invarianz des fundamentalkategorialen Prim-Zeichen-Schemas in den Übergängen zwischen den triadischen und trichotomischen Subzeichenfolgen repräsentierter Entitäten die *fundierende* Funktion der semiotischen Repräsentation als solcher deutlich. *Fundierung* ist offensichtlich nicht primär und ausschließlich als eine bedeutungsfrei-formale, logisch-axiomatische Folgerungsaktion, bezogen auf Sätze und ihre semantischen Wahrheitswerte zu verstehen, sondern als eine gerade das logische Deduktionsschema begründende semiotisch-kategoriale Aktion, bezogen auf die funktional-relationalen Repräsentationsschemata der Zeichenklassen bzw. Realitätsthematiken mit ihren jeweils *invarianten* Repräsentationswerten. Erst diese, alle anderen (metasemiotischen) Fundierungssysteme faktisch determinierende semiotische Fundierung, kann darüber hinaus als (anschauungserzeugendes) autoreproduktives *Evidenzsystem* demonstriert und legitimiert werden. Und mir scheint, daß dieser Hinweis deshalb pragmatisch von Wichtigkeit ist, weil fast die gesamte (nachgaußsche) neuere Mathematikentwicklung

gerade in ihren axiomatischen Begründungsverfahren, in ihren kalkülatorischen Formalisierungsbestrebungen und in ihren komprehensiven Beschreibungs- und Klassifikationstechniken bezüglich gewisser algebraischer Systeme (wie etwa Gruppen, Körper, Ringe etc.) faktisch spezielle wie auch allgemeine kritische *Evidenzabläufe* beachten muß, die sie in den meisten Fällen definitions- und diskussionslos einführt.
Zur Erweiterung dieser Untersuchung über semiotische *Dualitätssysteme*, wie ich sie zusmmenfassend bezeichne, möchte ich zunächst noch ein paar Bemerkungen über den hier benutzten Ausdruck *Primzeichen*, den ich bei Gelegenheit einer früheren Arbeit über „Semiotische Kategorien und algebraische Kategorien" einführte, vorstellen.
Primzeichen, der Begriff ist natürlich dem der Primzahlen nachgebildet, sind als unteilbare, elementare „Repräsentamen" gedacht und definiert. Als Elementar-Repräsentamen sind sie also nicht aus anderen repräsentierenden bzw. semiotischen Bestandteilen konstituiert, sind aber unerläßlicher Bestandteil jeder anderen Zeichenbildung monadischer, dyadischer oder triadischer Funktion. Sie fungieren ontologisch indifferent und repräsentieren ausschließlich *Ordinalität* d.h. „Erstheit" (.1.), „Zweitheit" (.2.) und „Drittheit" (.3.), also die Peirceschen Fundamentalkategorien. Die Primzeichen sind als Elementar-Repräsentamen unmittelbar zu ihrem jeweiligen Präsentamen und ihre Ordnungsrelation ist asymmetrisch, irreflexiv und transitiv.
Die Teilbarkeitsverhältnisse der Primzahlen entsprechen übrigens auf der Repräsentationsebene der Primzeichen deren semiosischen Funktionsverläufen; denn sie repräsentieren jeweils stets außer sich selbst nur ihre erzeugende „Erstheit" und hängen von ihr ab.
Indem wir uns nun vergegenwärtigen, daß die Zeichenklassen als triadische Relationen einführungsgemäß auf

dem fundamentalkategorialen Repräsentationsschema (M,O,I) definiert sind, können sie *semiosisch* nur mittels *Zuordnungs*-Operationen konstituiert werden, während dagegen die dualen Realitätsthematiken, gemäß des trichotomischen Baus, der sich in den reinen, homogenen Fällen stets auf die thematisierte Realität eines einzigen Korrelats des Repräsentationsschemas erstreckt, in den homogenen Fällen auf einer *Selektions*-Operation und in den inhomogenen Fällen auf Selektion (>) und Zuordnung ($\mapsto$) beruht. Zu beachten ist hier, daß Selektionsfolgen eine gewisse (mediale) *Kontinuität*, aber Zuordnungsfolgen diskret konstituiert sind und daher *Diskontinuität* beanspruchen.
Für (M): M(M) M(O) M(I)= 1.1 1.2 1.3 verläuft die Selektion als *Separation* (/): M(M)/M(O)/M(I);
für (O): O(M) O(O) O(I) = 2.1 2.2 2.3 verläuft die Selektion als *Abstraktion* (>) : O(M) >O(O)>O(I)
für (I): I(M) I(O) I(I)=3.1 3.2 3.3 verläuft die Selektion als *Assoziation* (.X.):I(M).X.I(O)I(I).
Die Zuordnung hat als solche für die drei Haupt-Zeichenklassen keine jeweils besondere Variation: sie verläuft stets in der gleichen adjunktiven formalen Operation ($\mapsto$). Ist die Realitätsthematik inhomogen, dann treten an repräsentationsthematischen Unstetigkeitsstellen der Selektivität Zuordnungen auf bzw. Diskontinuitäten teilen das ursprüngliche realitätsthematische Kontinuum auf. Offensichtlich bleibt aber die semiotische Feststellung bestehen, daß die (semiotische) *Thematisation* (metasemiosisch) vorgegebener *Realitäten,* im Unterschied zur präskriptiven (semiotischen) *Repräsentation* ihrer (metasemiosisch) formulierten *Entitäten* in einer diskontinuierlichen Zeichenklasse, stets an (semiosische oder retrosemiosische) Kontinuumsverläufe gebunden ist. Darin ist auch das Schema durchgängiger Naturkausalität mit dem endlosen Ursache-Wirkungszusammenhang eingebettet.

Tatsächlich stellen die drei Haupt-Zeichenklassen zusammen mit ihren drei homogenen Realitätsthematiken die drei *perfekten* Dualitätssysteme, in denen die kontinuitätsabhängigen Selektionsfolgen der Realitätsthematiken jeweils nur zu einer zuordnungsabhängigen, diskontinuierlichen Repräsentationsklasse gehören.
Bezüglich der Determination auf dem Mittel (.1.) ergibt sich das semiotische Dualitätssystem:

DS_M: Deskription x Anschauung;

bezüglich der Determination auf dem Objektbezug (.2.) ergibt sich das semiotische Dualitätssystem:

DS_O: Kausalprinzip x Objektivitätsprinzip;

bezüglich der Determination auf dem Interpretanten (.3.) ergibt sich das semiotische Dualitätssystem:

DS : Beweis x Vollständigkeit.

Diesen gewissermaßen als semiotische Haupt-Dualitäts-Systeme zu bezeichnenden Bestimmungen möchte ich noch eine weitere hinzufügen, die ebenfalls der ergänzenden Ausdifferenzierung der triadischen Repräsentation gegen die trichotomische Thematisation entspricht und wie DS_I mathematischer Provenienz ist. Ich meine das semiotisch-duale Verhältnis, das auf der Unterscheidung zwischen Widerspruchsfreiheit und Konstruktivität bezüglich mathematischer Existenz im Rahmen der mathematischen Grundlagenforschung immer wieder einmal formuliert wurde, insbesondere in Zusammenhang zwischen den formalistischen und intuitionistischen Begründungsversuchen der Mathematik.
Doch können zwischen Widerspruchsfreiheit und Konstruktivität in Bezug auf mathematische Existenz zwei

Modifikationen der semiotischen Dualität unterschieden werden, je nach dem wie weit oder wie eng diese Begriffe gedacht werden.
Der allgemeinere Begriff wäre der, daß der „Beweis", die Ableitung aus dem Axiomensystem, als der umfassende Begriff der „Widerspruchsfreiheit" angesehen wird. Dann ergäbe sich als duales System zwischen repräsentierender Zeichenklasse und thematisierender Realitätsthematik für Widerspruchsfreiheit und Konstruktivität das vollständige Interpretantenschema:

Zkl(Wf) : 3.3 2.3 1.3 x Rth(Mod) : 3.1 3.2 3.3.

Dieses Resultat entspricht voll und ganz einem allgemeineren Konstruktionsbegriff im Sinne der Erfüllbarkeit eines Axiomensystems durch ein semantisches „Modell" wie das im Rahmen der semantischen „Modelltheorie" sinnvoll ist.
Der engere Begriff des semiotischen Dualitätssystems mathematischer Existenz wäre durch einen Konstruktionsbegriff gegeben, der, unter Ablehnung der axiomatischen Demonstration der „Existenz", von Kronecker bis Brouwer, auf eine definite und schrittweise, also auch anschauliche Rekonstruktion der mathematischen „Objekte" aus ist und gewissermaßen ein methodisches Analogon der „Herstellung der natürlichen Zahlen im Zählprozeß" darstellt. Klar ist, daß hierbei das „Objekt" primär indexikalisch in einem dicentischen Regelsystem vermittelt wird, so daß sich in diesem Falle mathematischer Existenz die inhomogene Realitätsthematik des *objekt-thematisierten Interpretanten*

Zkl(Reg) : 3.2 2.2 1.3 x Rth(Kon) : 3.1 2.2 2.3

(im Gegensatz zur Realitätsthematik des *Vollständigen Interpretanten* im allgemeinen Fall) ergibt.

Weitere Belege bzw. Argumente hierzu können, was die Semiotik anbetrifft, E. Walthers Buch „Allgemeine Zeichenlehre" (1979) sowie meiner Schrift „Vermittlung der Realitäten" (1976) und was die mathematischen bzw. wissenschaftstheoretischen Aspekte angeht, F.B. Ramsays „Foundations of Mathematics and other Essays" (1931), A. A. Fraenkels und Y. Bar-Hillels „Foundations of Set Theory" (1958) sowie W. Schwabhäusers „Modelltheorie" I. u. II. (1972) entnommen werden. Wichtig für unseren philosophischen Zusammenhang ist der Aufsatz von W. v. Engelhardt „Leibniz als Naturforscher" („Die Naturwissenschaft" 34,4,1947).

9. Das Realitätskriterium der Semiotik

Die spezifisch wahrheitstheoretische Semantik der logischen Repräsentation von „Sachverhalten" in sprachlichen Aussagen unterscheidet bekanntlich (im einfachsten Fall) zwischen den beiden Wahrheitswerten „wahr" (w) und „falsch" (f), deren Verhältnis, definitionsgemäß auf Aussagen bezogen, auf dem Übergang vom wahren zum falschen Satz mittels der Operation der „Verneinung" (Negation) beruht. Diese logische Thematisation des Wahrheitsbegriffs ist völlig unabhängig von einer ontologischen Thematisation des Realitätsbegriffs des in der relevanten Aussage formulierten „Sachverhalts", selbst wenn man das Tarskische „Wahrheitskriterium" berücksichtigt.
In der Semiotik hat man es primär nicht mit derartigen zweiwertigen sprachlichen Gebilden namens „Sätzen" zu tun, sondern mit dreistelligen, geordneten „Relationen", die „Zeichenrelationen" oder einfach „Zeichen" heißen und als triadische *Repräsentationen* fungieren, deren Glieder jeweils *Teilzeichen* (resp. Subzeichen) sind.

Die triadische Anordnung von Tripeln von Subzeichen aus dem sogenannten Vollständigen Zeichen (mit den drei mal drei Subzeichen) zu einem triadischen Repräsentationsschema kann theoretisch dreifach eingeführt werden:

1. als (zeichen)-funktionaler Aspekt, d.h. als Relation zwischen (M), (O) und (I);
2. als (zeichen)-operationaler Aspekt, d.h. durch die „Semiosen“ der thetischen *Einführung* (⊢), der *Zuordnung* (↦) *und der Selektion* (>);
3. als (zeichen)-kategorialer bzw. -fundamentaler Aspekt, d.h. durch die Peirceschen Fundamental-Kategorien der „Erstheit“, „Zweitheit“ und „Drittheit“ (.1.,.2.,.3.) bzw. die *Primzeichen*.

Über diesen drei Aspekten lassen sich bekanntlich die zehn von Peirce eingeführten triadisch geordneten Zeichenklassen gewinnen sowie die von uns definierten (den Zeichenklassen entsprechenden) zehn *dualen Realitätsthematiken*. Sofern die *Zeichenklassen* in jedem Falle eine bestimmte triadisch geordnete Zeichenrelation thematisieren, also eine *Zeichenthematik* besitzen, die jeweils auf eine gewisse intendierte *Realität* als deren *Repräsentationsschema* bezogen ist, gehört zu jeder Zeichenklasse eine Realitätsklasse bzw. zu jeder Zeichenthematik eine Realitätsthematik. Genau auch in diesem Sinne werden alle „Zeichen“ letztlich an einer objektivierbaren „Realität“ gebildet und sind rekonstruktiv-empirisch.

Die bisherige Entwicklung der Zeichenbegriffe der Semiotik vom Peirceschen Typ hat weiterhin gezeigt, daß die Trichotomien der Subzeichen, die Peirce den triadischen Korrelaten (M), (O) und (I) bzw. .1., .2. und .3. zuordnete, als Realitätsthematiken entsprechender Zeichenklassen fungieren (wobei homogene und inhomogene Realitätsthematiken zu trennen sind). Das Vollständige Zeichen bzw. die Vollständige Zeichenrelation

(VZR), die aus allen triadischen Korrelaten mit ihren Trichotomien von Subzeichen gebildet wird.

VZR (M(Qu,Sin,Leg),O(Ic,In,Sy),I(Rhe,Dic,Arg)) bzw.
(.1.(1.1,1.2,1.3),.2.(2.1,2.2,2.3),.3.(3.1,3.2,3.3))

enthält natürlich, kombinatorisch ableitbar, auch alle zehn Zeichenklassen mit ihren (homogenen und nicht homogenen) Realitätsthematiken. Damit wird das System des *Vollständigen Zeichens* zur finiten semiotischen *Allklasse* aller triadischen Zeichenrelationen bzw. aller semiotischen Repräsentationsschemata für „Seiendes" im „Bewußtsein", wenn man so formulieren will.
Berücksichtigt man nun, daß die auf ihre fundamentalkategoriale und ordinale Primzeichen-Schreibweise zurückgeführten neun Subzeichen des Vollständigen Zeichens deren generierbar anwachsende *Semiotizität* bzw. *Repräsentativität* anzeigt, dann bieten gerade die homogenen bzw. vollständigen, ausschließlich selektiv rekonstruierbaren und abgeschlossenen Trichotomien bzw. Realitätsthematiken die Möglichkeit der Bildung von (auf eine semiotische „Grundmenge" bezogenen) ordinalen bzw. graduellen *Komplementen* im Rahmen der trichotomischen bzw. realitätsthematischen Repräsentation, die ein semiotisches *Realitätskriterium* involviert, das man als Analogon zum logischen Wahrheitskriterium formaler Sprachen (Tarski) verstehen kann.
Tarskis Wahrheitskriterium (bzw. Wahrheitsbegriff) wird über der Unterscheidung zweier Redeweisen, der „Objektsprache" (die „Sprache", in der ein „Sachverhalt" repräsentiert wird, und der „Metasprache" (die „Sprache", in der die objektsprachliche Repräsentation beurteilt wird). Wenn der (objektsprachliche) „Sachverhalt" durch „p" repräsentiert wird, dann bezeichnet „w(p)" metasprachlich die Wahrheit des repräsentierten

„Sachverhaltes“, und das logische Wahrheitskriterium hat folgende Form:

$$w(p) \Leftrightarrow p$$

„p“ ist wahr, genau dann, wenn ‚p‘.
Analog hierzu formulieren wir nun die semiotische „Repräsentation“ als Analogon der logischen „Aussage“ und sprechen von *Realitätswert* der „Repräsentation“, der durch den kategorialen Stellenwert der Realitätsthematik der repräsentierenden Zeichenklasse gegeben ist. Wir definieren also das Realitätskriterium einer Repräsentation über der Unterscheidung zweier Zeichenrelationen, der triadischen „Zeichenklasse“ und ihrer dualen „Realitätsthematik“.

$$Rpw(Zkl) \Leftrightarrow Rth(Zkl).$$

Tatsächlich verhalten sich „Zeichenklasse“ und „Realitätsthematik“ wie eine „metasprachliche“ Formulierung zu ihrer „objektsprachlichen“. Denn die „Zeichenklasse“ definiert in jedem Falle eine bestimmte triadische Zeichenrelation von der Form ZR(M,O,I) als Repräsentationsschema einer „präsentierbaren Entität“, deren (semiotische) Realisierung stets einem der drei realitätsthematischen Schemata.

M(.1,.2,.3),
O(.1,.2,.3),
I(.1,.2,.3)

im Falle der drei Hauptzeichenklassen oder einer realitätsthematischen „Mischung“ im Falle der sieben Nebenzeichenklassen entspricht.
Wir beziehen uns hier vorläufig nur auf den ersten Fall. Offensichtlich involvieren die drei selektiven, homogenen und *vollständigen* Realitätsthematiken jeweils drei

Repräsentationswerte ihrer thematisierten „Realität“, die in der trichotomischen Folge ihrer Subzeichen die kategorialen Stellenwerte der „Erstheit“ (.1.), „Zweitheit“ (.2.) und „Drittheit“ (.3.) und damit die *Gerade* der *Semiotizität* fixiert.

Relativ zu einer (vollständigen und homogenen) Realitätsthematik fungieren also deren drei (geordnete) Subzeichen wie Teilwerte oder *Komplemente* der vollständigen Repräsentation der semiotisch thematisierten „Realität“. Damit existieren aber auch semiotische Übergangsmatrizen für den Übergang von einem thematisierten „Realitätswert“ der Realitätsthematik zum nächst „höheren“ oder (weil neben der „generierenden“ auch die „degenerierende Semiose“ wirksam sein kann) nächst „tieferen“.

Wenn „= =>“ die generative und „= =<“ die degenerative Semiose bezeichnet, zeigt folgende semiotische *Realitäts-Matrix* die komplementären Repräsentations- und Generierungsverläufe in den homogenen Realitätsthematiken an; „C“ ist das Zeichen für „Komplement von ..“ und „Subz“ steht für „Subzeichen“:

C-Subz ==<	Subz	==> C-Subz
	Rth(M)	
	Qua	==> Sin ==> Leg
Qua ==<	Sinz	==> Leg
Qua ==> Sin ==>	Leg	
	Rth(O)	
	Ic	==> In ==> Sy
Ic ==<	In	==> Sy
Ic ==< In ==<	Sy	
	Rth(I)	
	Rhe	==> Dic ==> Arg
Rhe ==<	Dic	==> Arg
Rhe ==< Dic ==<	Arg	

Ich habe vorstehend das semiotische Realitätskriterium anhand der drei homogenen, vollständigen Realitätsthematiken bzw. Zeichenklassen entwickelt. Die sieben übrigen inhomogenen, (realitätsthematisch) *gemischten* Realitätsthematiken bzw. Zeichenklassen habe ich außer Acht gelassen. Denn im Prinzip kann auch für sie das Realitätskriterium formuliert werden. Auch für z.B.

$$\text{ZklRth}\,(3.1 \rightarrow 2.2 \rightarrow 1.3),$$

also für die maximal gemischte und *gleichverteilte* zeichen-realitäts-identische Relation gilt

$$\text{Rpw}\,[\text{Zkl}_{\text{äz}}] \equiv \text{Rpw}\,[\text{Rth}_{\text{äz}}]$$

d
.
h

$$\text{Rpw}\,(3.1 \rightarrow 2.2 \rightarrow 1.3) \equiv \text{Rpw}\,(3.1 \rightarrow 2.2 \rightarrow 1.3)$$

Nur muß beachtet werden, daß in solchen inhomogenen Realitätsthematiken neben der selektiven Generierung bzw. Degenerierung auch die coordinative Generierung bzw. Degenerierung auftritt. Im zitierten Fall der „ästhetischen“ Realitätsthematik handelt es sich, wie angedeutet, um eine ausschließlich coordinative Konstituierung.
Das Realitätskriterium für Zkl(Rth(äz)) hat dementsprechend die Form

Rth(äz)
1.1 ==< 1.2 ==< 1.3
2.1 ==< 2.2 ==> 2.3
3.1 ==> 3.2 ==> 3.3

Führt man für das zu einem Subzeichen der Realitätsthematik semiosisch als kategoriale „Erstheit“ (.1) vorangehende bzw. degenerierte Subzeichen den Terminus semiosische „Quelle“ (Source, Spring) und für das semiosisch als kategoriale „Drittheit“ (.3) nachfolgende oder generierte Subzeichen den Terminus semiosische „Mündung“ (Bouche, Mouth) ein, dann zeigt sich, daß auch die maximal gemischte und gleichverteilte Realitätsthematik des „ästhetischen Zustandes“ zwei „Quellen“ und zwei „Mündungen“ wie alle anderen (homogenen und inhomogenen) Realitätsthematiken besitzt.

Der Realitätscharakter (bzw. der Realitätsbegriff) des semiotischen Realitätskriteriums zeichnet sich also dadurch aus, daß seine Kategorien nicht auf „Mächtigkeiten“ (kardinale Kategorien), sondern auf „Anordnungen“ (ordinale Kategorien) beruhen. Semiotisch ist somit der Begriff der Realität fundamental an das ordinale Schema der Primzeichen-Folge (.1.,.2.,.3.) gebunden. Der Realitätsbegriff ist ein Ordnungsbegriff. Wir unterscheiden dabei realitätstheoretisch zwischen den triadischen *Seinskorrelaten* und den trichotomischen *Intensionskorrelaten* der Realität.

Die primären *Seinskriterien* ordinaler triadischer Realität lauten demnach

$$M \Leftrightarrow .1.,\ O \Leftrightarrow .2.,\ I \Leftrightarrow .3.$$

und die differenzierenden *Intensionskriterien* dieser Seinskorrelate

in M: Qua $\Leftrightarrow$ 1.1, Sin $\Leftrightarrow$ 1.2, Leg $\Leftrightarrow$ 1.3,
in O: Ic $\Leftrightarrow$ 2.1, In $\Leftrightarrow$ 2.2., Sy $\Leftrightarrow$ 2.3
in I: Rhe $\Leftrightarrow$ 3.1., Dic $\Leftrightarrow$ 3.2, Arg $\Leftrightarrow$ 3.3.

(das Zeichen „$\Leftrightarrow$“ ist als „genau dann, wenn“ zu lesen, und die numerisch bezeichneten Fundamentalkategorien sind ausschließlich als Primwerte der Ordnung mit ihrem differenzierenden Stellenwert zu verstehen).

10. Ergänzungskonzeptionen zur Theorie der triadischen Zeichenrelationen als allgemeine und fundamentale Theorie der Repräsentation

Die Theorie der triadischen Zeichenrelation ist bekanntlich auch die Konzeption einer dreistelligen Repräsentation auf dem Schema der dreistelligen Kommunikation:

Repräsentationsschema
Zeichenrelation

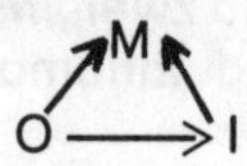

Kommunikationsschema Kanal
Information Exp. (ω) ⟶ (β) Perz.

Man erkennt leicht, daß der triadische Relationszusammenhang im Kommunikationsschema zeichen-extern, aber im Repräsentationsschema zeichen-intern verläuft. Es ist naheliegend, in diesem Tatbestand eine komplementäre Entsprechung zwischen dem Zeichenschema und dem Kommunikationsschema zu sehen, die der Komplementarität zwischen den Tripeln der präsemiotischen „Präsentamen" der Welt und den Triaden bzw. Trichotomien der semiotischen „Repräsentamen" der Welt (ω) im Bewußtsein (β) entspricht.
Genau dieser Aspekt legitimiert die Idee und die Einführung von Ergänzungskonzeptionen zwischen den Präsentamen und den Repräsentamen über der dreistelligen Vermittlungsrelation des Kommunikationsschemas. Tatsächlich ist ein solches komplementäres System zwischen Präsentamen (Teilsystem der „gegebenen" Welt) und Repräsentamen (Teilsystem der „bezeichneten" Welt im Bewußtsein) bereits von Peirce angedeutet, wenn auch nicht ausgeführt worden, wenn er in seinen Entwürfen zu einer Basistheorie der Zeichen davon ausgeht, daß jedes beliebige „Etwas" zum Zeichen erklärt werden kann und jedes Zeichen wiederum ein Zeichen

hervorruft. Von dieser universal orientierten Idee des Zeichengebrauchs aus lassen sich nun zwischen dem dreistelligen Welt-Präsentamen und dem dreistelligen Welt-Repräsentamen generierende oder degenerierende quasi-semiotische Zwischen-Zustände entwickeln, die einerseits wie Entitäten mit *Ontizität* und andererseits wie Entitäten mit *Semiotizität* fungieren, einerseits also dem Bereich der Präsentamen und andererseits dem Bereich der Repräsentamen angehören. So behaupten wir also die (funktionale) Existenz von vermittelnden *quasi-triadischen, schematischen Zustands-Relationen* zwischen einer nicht-semiotischen, zeichen-externen „Weltrealität" purer Gegebenheit (Faktizität) und ihrer semiotischen, zeichen-internen „Weltrepräsentation" purer Substitutionalität (Semiotizität). Diese hier als quasi-triadische Zeichenrelationen gekennzeichneten Schemata sind demnach sowohl als empirische Beziehungsbeschreibungen wie als theoretische Beziehungsrepräsentationen aufzufassen und zu benutzen. Um den Carnapschen Sprachgebrauch aus „Der logische Aufbau der Welt" (1928) zu verwenden, kann man auch sagen, diese Quasi-Zeichenrelationen konstituieren die Gegenstandsbereiche der Welt im gleichen Umfang, wie sie sie im Bewußtsein auch repräsentieren, wenngleich der Begriff der „Konstituierung" bei Carnap zweistellig-logisch, aber der Begriff der „Repräsentation" in der Semiotik vom Peirceschen Typ grundsätzlich (fundamentalkategorial) dreistellig-semiotisch orientiert ist.

Ich rechne zu diesen Quasi-Zeichenrelationen in erster Linie die „Modalitäten" ($\mathfrak{M}$) und die „Strukturen" ($\mathfrak{S}$); im Prinzip gehören natürlich auch die schon früher als *Primzeichen* eingeführten Peirceschen Fundamentalkategorien „Erstheit" (.1.), „Zweitheit" (.2.) und „Drittheit" (.3.) dazu, doch werde ich sie hier nur implizit noch einmal anführen. Ich beschränke mich hier zunächst al-

so auf die dreistellige „Modalitäten-Relation"Z𝔐" und die dreistellige „Strukturen-Relation „Z𝔖".
Die dreistellige (triadische) Modalitäten-Relation ist mit den sogenannten klassischen Modalitäten „Möglichkeit" (Mö), „Wirklichkeit" (Wi) und „Notwendigkeit" (No) gegeben, so daß sie wie folgt notiert werden kann:

$$Z\mathfrak{M}: (Mö, Wi, No)$$

Die dreistellige (triadische) Strukturen-Relation kann anschaulich geordnet und dem abstrakten Formalismus entsprechend durch die Bestimmungsstücke „Trägermenge" (TM), „Rasterelement" (RE) und „Rasternetz" (RN) eingeführt werden:

$$Z\mathfrak{S}: (TM, RE, RN).$$

Das Hauptproblem dieser triadischen Quasi-Zeichenrelationen besteht nun allerdings darin, die jeweiligen trichotomischen Subzeichen der triadischen Korrelate zu bestimmen.
Im formalen Sinne ist das bezüglich der Modalitätenrelation nicht schwierig, da in diesem Falle eine Modalitäten-Matrix analog zur kleinen Zeichen-Matrix konstituiert werden kann, in der dyadische Sub-Modi (analog zu Subzeichen) auftreten:

	Mö	Wi	No
Mö	MöMö	MöWi	MöNo
Wi	WiMö	WiWi	WiNo
No	NoMö	NoWi	NoNo

Ich muß hier jetzt anmerken, daß Peirce, obwohl er an einer modalitätstheoretischen dreiwertigen Relationslogik gearbeitet hat, die klassischen Modi nur den Fundamentalkategorien zugeordnet hat. Die Modalitäten-Matrix kann also ohne weiteres auf die Zeichen-Matrix in fundamentalkategorialer bzw., wie wir gelegentlich auch sagen, in numerischer Schreibweise resp. auf Primzeichen zurückgeführt werden, was der fundamentalkategorialen Primzeichen-Relation (resp. der dazu gehörenden Matrix)

PZ: (.1., .2., .3.)

entspricht.
Natürlich sind auch in den Kalkülen der logistischen Modalitätentheorie Sub-Modi, also dyadische Kombinationen von Modi (axiomatisch-deduktiv) entwickelt worden, und man erkennt, daß in diesen Modalkalkülen, in denen es wesentlich darauf ankommt, den Kalkül auf zwei Modi zu reduzieren, d. h. also einen Modus jeweils durch zwei andere zu bestimmen, die Grenze der kalkülatorischen Iteration bzw. Kombination auf „NNN.." beschränkt bleibt. Im System der semiotisch entwickelbaren zehn *Modalklassen* von „NoMö WiMö MöMö" bis „NoNo WiNo MöNo" erkennt man die Erweiterungsfähigkeit der klassischen, aussagenlogisch-ontologischen, dyadischen Modalitätenkonzeption zur (natürlich ebenfalls aussagenlogisch-ontologisch sinnvollen) triadisch-repräsentationstheoretischen Modalitätenkonzeption.
Was nun die triadische Quasi-Zeichenrelation der Strukturen

$ZR\mathfrak{M}$: (TM, RE, RN)

anbetrifft, so ist, wie in jeder *konkreten Struktur,* darauf zu achten, daß (aus Gründen ihrer Rekonstruierbarkeit) die faktische, also operable „Relation" (wie z. B. der

„Nachfolge", des „Enthaltenseins", des „größer oder kleiner als ..." u. a.) angegeben werden kann.
Unter dieser Voraussetzung kommt es nun, wie bei der semiotischen Konstituierung der Modi, darauf an, auch für das triadische Strukturschema das entsprechende System der *Substrukturen* aufzustellen. Allerdings sind hier die theoretischen Terme bzw. ihre Übertragung in die Umgangssprache nicht so eindeutig zu gewinnen und dementsprechend auch nicht scharf zu formalisieren wie im Bereich der Submodalitäten; man hat es also mit ambigneren Verhältnissen zu tun, insbesondere auch deshalb, weil die Annäherungen an die semiotischen Begriffsverhältnisse ebenfalls die Definitionsverhältnisse der Substrukturen einer Präzision teilweise nicht gerade günstig sind.
Ich möchte also folgende Trichotomien von Substrukturen für die thetische Einführung der „Struktur" als quasi-semiotisches Repräsentationsschema vorschlagen:

Für TM: Repertoirielle Menge der Trägerelemente;
Singuläre Gruppierungen dieser Elemente;
Normierte ‚extensive' Trägerelemente.

Für RE: ‚Extensives' Muster im Sinne von „Pattern";
Ausbreitung des Musters;
Muster-Maße.

Für RN: Serieller Zusammenhang des „Musters";
Superisationszusammenhang des „Musters";
Rekonstruktionszusammenhang des „Musters".

Die angegebenen trichotomischen Bestimmungen der Substrukturen sind, wie schon angedeutet, definitorisch gesehen also nur von relativer Genauigkeit; sie sind im Zusammenhang mit Arbeiten von Gauß („extensive"

Größen) Lutz („Muster", Pattern), Steiner („Trägermenge"), Moles („Gruppierung") gewählt worden.
Mit der quasi-semiotischen Matrix

	TM	RE	RN
TM	TMTM	TMRE	TMRN
RE	RETM	RERE	RERN
RN	RNTM	RNRE	RNRN

der repräsentationstheoretisch aufgefaßten „Struktur" sind also die extensiven wie intensiven Stellenwerte bzw. die strukturellen „Momente" bestimmt und auf die zeichentheoretischen Entitäten bzw. auf die fundamentalkategorialen Primzeichen zurückführbar.
Es ist wohl sicher, daß die meta-semiotischen Systeme wie natürliche und künstliche Sprachen, Choreographien, Partituren, visuelle Gestalten, Graphen, Pläne, Kalküle bzw. logische und mathematische Algorithmen, theoretische Entitäten und empirische Daten, Verhaltensweisen ect. im allgemeinen im Kommunikationsschema prinzipiell stärker welt- als bewußtseinsorientiert sind (wie die puren, triadischen Zeichenkonzeptionen) und daß dementsprechend auch die abstrakten und generalisierten Phänomene und Zustände dieser meta-semiotischen Systeme von sich selbst her (und nicht erst nach der thetischen Einführung) modalisierende (wahrscheinlichkeitstheoretische bzw. statistische) und strukturelle (rhythmische, periodische, raum-zeitlich proportionelle) „Momente" aufweisen, die vom interpretanten-generierenden Bewußtsein her dann auch rein semiotisch und fundamentalkategorial verstanden und zeichenklassenmäßig bzw. realitätsthematisch analysiert und konstituiert werden können, also ein vorgegebenermaßen *duales* (verdoppeltes) Merkmal darstellen.

11. Bemerkungen über semiotische und algebraische Kategorien

Die philosophische Betrachtung mathematischer Sachverhalte ist immer dann naheliegend und vermutlich sogar unvermeidbar, wenn mathematische Autoren philosophische Begriffe entlehnen müssen, um neue, tieferliegende Probleme zu formulieren. Da es sich in den meisten dieser Fälle um Begriffe handelt, die mit den neuen Problemen auch alte Grundlagen berühren, die jedoch bis dahin noch nicht endgültig fixiert werden mußten, erweist es sich zumeist sehr schnell, daß es im allgemeinen unmöglich ist, mit mathematischen Mitteln allein über ihre Provenienz und ihre Reichweite zu entscheiden, zumal wenn es sich um *seinsthematische* („Individuen“, „Mengen“, „Klassen“, „Variable“etc.) oder *erkenntnistheoretische* („finit“, „Beweis“, „Abbildung“, „Folgerung“ etc.) Formulierungen handelt. Im ersten Fall sind es meist Aporien der „hypostasierenden Abstraktion“, im zweiten Aporien „hypothetischer Sätze“, die eine philosophische Theorie als Hilfswissenschaft bemühen müssen. Denn schließlich ist auch die Mathematik keine isolierte, absolut autonome Wissenschaft, und ebensowenig sind es ihre hypostasierten oder hypothetischen Entitäten der ens rationis, wie Peirce gerne sagte. Es gibt wohl stets nur eine *wechselseitige* Begründung (oder „Erhellung“) theoretischer Sachverhalte, zu deren Intention eine Art von theoretischem Gleichgewicht zwischen Präsentamen und Repräsentamen gehört, das als „symbolische Hypothypose“ (im Sinne der Kantischen „Urteilskraft“, § 59) heuristisch zu verstehen ist. Das Auftauchen dieses methodologischen Vorkommnisses ist ja in der heutigen Theorienbildung nicht mehr überraschend. Nun ist man an die logische Analyse mathematischer Überlegungen und Theorien mindestens seit de

Morgan, Boole, Peirce, Frege und Russell gewöhnt. Hilbert, Gentzen und Gödel bezeichnen die Stationen höchsten Niveaus in der weiteren Entwicklung jener Anfänge. Doch die Aufdeckung der tieferliegenden, manipulierbaren und kontrollierbaren konstituierenden semiotischen Mittel jener logischen Analysis hat kaum begonnen, wenngleich vielfach (wie ich in meinem ersten Bericht über „Semiotik in der mathematischen Grundlagenforschung" in „Vermittlung der Realitäten", 1976, auch ausführte) deren Notwendigkeit bereits erkannt wurde. Insbesondere wenn man die immer wieder einmal bemerkbare unsichere Thematisierung mathematischer Ausdrucksmittel zwischen „Intuitionisten" und „Logizisten" oder „Konzeptionalisten" und „Formalisten" beachtet, ist die „Tieferlegung" der bisherigen „Tieferlegung der Fundamente" kein abwegiger Gedanke. Wie gesagt, immer wenn die Mathematik von ihrer Fundierungsintention erfaßt wird, wird sie auch philosophisch, und das Resultat ist dann zumeist eine inhaltliche Rückversicherung der „Formalisten" durch Abschwächung des Abstraktionsgrades oder der Bedeutungsentleerung oder eine begriffliche Verfeinerung der „Konzeptionalisten" in den konstruktivistischen Beweiswegen durch deren Verlängerung. Ich spiele hier auf eine Differenzierung an, die zuerst F.W. Lawvere im Sinne hatte und in seinem Artikel „Adjointness in Foundations" (1969, Dialectica) durchreflektierte. Ich werde in einem späteren spezielleren Zusammenhang auf seine Unterscheidung noch einmal zurückkommen, weil gerade solche differenzierende Begriffsbildungen ihre Reduktion auf eine semiotische Funktion notwendig machen, will man zugleich die konkrete Bedeutung eines Sachverhaltes hinter sich lassen und dennoch in einer generalisierten Formulierung repräsentiert wissen. Hinzufügen will ich lediglich noch, daß, wenn hier von Philosophie die Rede ist, nicht ihr üblicher spekulativer und

historischer Begriff gemeint ist, sondern daß sie, wie es Mario Bunge in seiner Vorrede zum „Delaware Seminar on the Foundations of Physics" (1967) ausgedrückt hat, in einem „technischen Sinne", d.h. für uns als ein Reservoir heuristischer Prinzipien verwendet wird.
Ehe ich jedoch auf die determinierenden Funktionen der noch „unterhalb" der linguistischen und logistischen Konstituierung mathematischer Entitäten fungierenden semiotischen Prozesse und Systeme eingehe, möchte ich ein paar allgemeinere Bemerkungen zur theoretischen Lage der Grundlagenforschung bei Peirce selbst anführen, soweit letztere überhaupt aus ihrer Ferne mit der heutigen Situation, in der zwischen Hilbert und Bourbaki (Beweistheoretikern und Strukturalisten) auf der einen und MacLane und Lawvere (Kategorietheoretikern und Funktoralisten) auf der anderen Seite (wenn man die besonderen Intentionen der „Philosophie ouverte" Paul Bernays' und des verstorbenen Ferdinand Gonseth, auf die ich in dem erwähnten ersten Bericht über „Semiotik in der mathematischen Grundlagenforschung" aufmerksam machte, hier einmal beiseite läßt) eine neue Konzeption wirksam zu werden beginnt, im Zusammenhang gesehen werden darf. Ich wies dort schon wie im Nachwort zur Publikation unpublizierter Manuskripte von Ch. S. Peirce „Zur Semiotischen Grundlegung von Logik und Mathematik" (Edition ‚rot', Nr. 52, Stuttgart 1976) auf die wachsende Bedeutung der Semiotik für die allgemeine und spezielle Grundlagenforschung insbesondere in der Mathematik hin. Doch kommt es natürlich immer darauf an, die historische Konzeption durch schärfere Thematisierung und Theoretisierung zu festigen und zu aktualisieren.
Das kann nun heute und in unserem besonderen Falle dadurch geschehen, daß man erstens versucht, über die Peirceschen „Existenzgraphen", deren System jetzt von Don D. Roberts präpariert worden ist, einen Zugang

zu den Kategoriegraphen MacLanes, Lawveres etc. zu gewinnen; zweitens, daß man den methodologischen und formalen Zusammenhang zwischen den Peirceschen „Existenzgraphen", den triadisch-trichotomischen Zeichenbegriffen und den Peirceschen „Fundamentalkategorien" (Kat_{Sem}) als ein identisch-eines triadisches Relationalsystem festhält bzw. berücksichtigt und daß man schließlich mindestens einen angenäherten Zusammenhang zwischen den multiplikativen Graphen der algebraischen Kategorietheorie (Kat_{Mat}) und den multiplikativen „Bezügen" bzw. Relationen der semiotischen Kategorientheorie (Kat_{Sem}) rekonstruiert. Was sich damit zeigen soll, ist das m. E. typische Grundlagentheorem, daß mathematische Systeme nur zwischen den semiotischen Kategorien (als den *fundierenden*) einerseits und den algebraischen Kategorien (als den metatheoretisch *superierenden*) andererseits vollständig, d.h. hier abgeschlossen und wechselseitig begründet werden können. Grundsätzlich möchte ich hinzusetzen dürfen, daß jede vollständige Begründung (theoretische Legitimierung) eine wechselseitige ist; keine Begründung ist eine solche, die nur eine „Tieferlegung" theoretischer Entitäten wäre, es gehört immer auch eine „Vervollständigung" der deduzierbaren Theoreme auf höherem Niveau dazu. Die semiotische Determinierung eines „Beweises" oder auch einer „Rechnung" als dem Bezugsobjekt einer triadischen Zeichenrelation vollzieht sich in jedem Falle zwischen dem *fundierenden* Repertoire von Elementen eines selektierenden *externen* Interpretanten und dem *superierenden* Kontext auf dem Niveau eines iterierbaren *internen* Interpretanten.
Mir scheint es unerläßlich, an dieser Stelle noch einige allgemeine Bemerkungen zur Frage der Bestätigung oder Verifikation semiotischer Zuordnungen oder Analysen anzuschließen.
Der die Repräsentationsverläufe determinierende Zei-

chengrund aller Ausdrucks- und Darstellungsmittel, mathematischer Objekte, wie Zahlen, Gleichungen, Funktionen und dergl., der Werte, Normen, Konventionen, Sprachen, der Wörter und Begriffe, der Prosa und Poesie, der Malerei, Kunst und Literatur, Musik und Metaphysik, der Wissenschaften und der Technik, wenn sie überhaupt fixiert, transformiert und vermittelt werden können und im Bewußtsein integrierbar und reflektierbar sind, muß manipulierbar präpariert werden können. Die Frage ist aber dann sogleich die nach der Beweiskraft, nach der Verifizierbarkeit bzw. nach der theoretischen Legitimation in dem vorgegebenen System der Zeichenbegriffe einerseits oder in der diesem theoretischen System applikativ zugeordneten verfügbaren Bezugsrealität andererseits. In den „New Elements of Geometry" findet sich eine Definition Peirces, in der die allgemeine Rolle des Zeichens unserer Überlegung entsprechend ausgedrückt ist: „Definition 34. The meaning of any speech, writing, or other sign is its translation into a sign more convenient for the purposes of thought; for all thinking is in signs." (The New Elements of Mathematics by Charles S. Peirce, Ed. Carolyn Eisele, Vol. II, 1976). Da jeder semiotische Prozeß mit der thetischen (abstrahierenden, selektierenden und koordinierenden) Einführung von (ebenso gewonnenen) Zeichen beginnt, ist Semiotik in jedem Falle eine thetische Disziplin deskriptiver Intention, und was nur durch eine (natürlich geregelte) thetische Einführung gegeben ist, kann nur durch eine (ebenso geregelte) thetische Deskription verifiziert werden. Doch folgt dieser deskriptiven Verifikation, dieser Legitimation durch intersubjektive Beschreibung mittels thetisch-normierter Zeichenbegriffe eine weitere, die als fundierende Verifikation bezeichnet werden kann.
In ihr wird die retrosemiosische, kategorial absteigende Repräsentation (Degradation) der Zeichenrelation aus-

genützt, um eine begründende Anordnung bzw. Abfolge jener Entitäten zu gewinnen, über denen die determinierenden Zeichenrelationen (Zeichenklassen) mit ihren Realitätsrelationen (Realitätsthematiken) kategorial adäquat rekonstruiert werden können. Die Ableitbarkeit einer Realitätsthematik aus einer (mit der Aufstellung der den relevanten Sachverhalt beschreibenden Zeichenklasse gegebenen) Zeichenthematik durch die bekannte semiotische Dualisierung fungiert dabei als eine erweiterte oder verdoppelte deskriptiv-transformative Verifikation. Der Prozeß ist rein semiotischer Natur, also eine Semiose; er gehört zu jener Art semiotischer Übertragung, die Peirce in seiner vorstehend schon angeführten „Definition 34" etwas allgemein als „translation" eines „sign... into a sign more convenient for the purposes of thought" bezeichnet hat. Peirce hat übrigens anschließend seine „Definition" sogleich auf die Mathematik zugeschnitten, um auf die Funktion seiner „translation" in diesem Bereich hinzuweisen, d. h. um zu zeigen, daß semiotische Determinationen selbstverständlich auch in dem wirksam sind, was er in „Definition 2" der „Elements of Mathematics" (a. a. O., p. 10) als „mathematical hypothesis" versteht, nämlich „an ideal state of things concerning which a question is asked." Für diese so verstandene mathematische Entität gilt also auch jene „Definition 34": „The meaning of a mathematical term or sign is its expression in the kind of signs in the imaginary or other manifestation of which the mathematical reasoning consists" bzw. in der Schreibweise J. M. Peirces, die Carolyn Eisele ebenfalls angibt, „Kind of signs which mathematical reasoning manipulates" (a. a. O., p. 251).
Sofern demnach die Mathematik als „mathematical hypothesis", als „hypostasierende Abstraktion" im Sinne von Entitäten einer ens rationis verstanden wird, verfällt sie einer semiotischen deskriptiven Verifikation, und

nur so lange ist sie Mathematik im Objektbezug („ideal state of things"). Erst mit jener Mathematikkonzeption, die Peirce von seinem Vater, Benjamin Peirce, übernommen (aber auch korrigiert) hat und die er in den „Elements of Mathematics" unter „Art. 1, Definition 1 „einführt": „Mathematic is the science which draws necessary conclusions" (a.a.O. Ed. Carolyn Eisele, Vol. II, p. 7), wird die Mathematik primär Mathematik „hypothetischer Sätze"; und wird ein System des semiotischen (internen) Interpretanten, konstituiert über rhematischen, dicentischen und argumentischen Konnexen bzw. Kontexten, in denen Beweistheorie und Metamathematik mit den bekannten logischen Schlußtechniken umformungstechnischer Art möglich sind, die zu einer Mathematik als Theorie „Formaler Systeme" (Curry) führten. Diese Interpretantenmathematik, im Idealfall natürlich der Zeichenklasse (3.3 2.3 1.3) und damit der Realitätsthematik (3.1 3.2 3.3) des vollständigen, intelligiblen, zeicheninternen Interpretanten zuzurechnen, entwickelt damit das System mathematischer Sätze als ein System logischer Folgerungen, das jedoch im Sinne einer superierten Hilbertschen „Beweisfigur" (Hilbertiana, 1964, p. 34) der oben angegebenen Realitätsthematik durch die dyadischen Semiosen 3.1→3.2 und 3.2→3.3 semiotisch determiniert ist. Rhemata, Dicents und Argument können also in logischen Ableitungs- bzw. Beweisschemata fungieren. Sie ermöglichen damit für sich und ihre Zeichenklassen auch logische Legitimationen bzw. Verifikationen. Im übrigen wird aber durch diese Feststellung unsere (bis auf Peirce zurückführbare) These, daß logische Entitäten zwar aus den semiotischen, aber semiotische Entitäten nicht aus logischen semiosisch selektiert werden können, (vgl. Semiotische Fundierung der Logik, Paper des Instituts, Mai 1976) bestätigt.
Ich komme nun zu meinem eigentlichen Thema zurück.

Was Peirce anbetrifft, so stütze ich mich auf seine Briefe an Lady Welby (1904—1908), ed. I. C. Lieb, 1953; dtsch. Edition rot, 20, Stuttgart 1965) und auf die „Prolegomena zu einer Apologie des Pragmatizismus" (1906), CP4. 530 bis 572, dtsch. „Graphen und Zeichen"), edition rot, 44, Stuttgart 1971), alsdann vor allem aber auf das bereits zitierte grundlegende Werk von Don D. Roberts „Peirce's Theory of Existential Graphs" (1972). Bezüglich der Graphendarstellung der algebraischen Kategorietheorie (Kat_{Mat}) zitiere ich MacLanes „Kategorien" (dtsch. 1970) sowie F. W. Lawveres bekannte Abhandlung „The Category of Categories as a foundation of Mathematics" (Proceedings of the Conference on Categorial Algebra, La Jolla 1965, ed. 1966). Ansonsten habe ich mich zur Orientierung an der algebraischen Kategorietheorie an H. Schuberts ausgezeichnete Darstellung in „Kategorien" I und II (1970) gehalten.
Zunächst möchte ich vorwegnehmend und zusammenfassend bemerken, daß Peirce in dem Maße, wie er überhaupt zu den Inauguratoren der modernen mathematischen Grundlagenforschung gehört, mit seinen „Existential-Graphs" und deren Einbettung in die Semiotik triadischer Zeichenrelationen und in eine algebraische Mathematikkonzeption auch den Vorbereitern der heutigen kategorie- und funktortheoretischen Denkweise zuzurechnen ist.
Peirce stellt, wie bereits angedeutet, seine „Existential-Graphs", auch wenn das Interesse an ihnen, wie Don R. Roberts bemerkt (a.a.O., p. 11), zunächst mit Arbeiten zur Symbolischen Logik zusammenhing, sehr früh in den Dienst diagrammatischer Veranschaulichung und Präzisierung der relationalen Zeichenkonzeptionen. Peirce versteht, wie er in seinem Brief an Lady Welby vom 12. Oktober 1904 schreibt, die „universelle Algebra der Relationen als System der Existential-Graphs", und das heißt, er versteht die Semiotik

als ein System, das zugleich als deskriptive Theorie triadisch-trichotomischer Zeichenrelationen, als deskriptive Theorie diagrammatischer „Existential-Graphs“ und als formale Theorie der „universellen Algebra der Relationen“ entwickelt werden könne.
Unter den „Existential-Graphs“ definiert Peirce ein System von Punkten und Linien (also auch den „Pfeil“, wie ihn MacLane, Lawvere u. a. für ihre mathematischen Kategorie- und Funktorenbegriffe benutzen), aber mit der speziellen Intention, daß dieser „Graph“ sich nur auf die „Existenz“ eines Etwas, nicht auf seine „Essenz“, auf „Sein“, nicht auf „Sosein“ bezieht. Es handelt sich also, relational gesehen, nur um einen „Existenzbezug“, ohne daß das Objekt dieser „Existenz“ als solches gegeben wäre. So entspricht der „Existenzgraph“ diagrammatisch dem „Existenzsatz“ bzw. der „Existenzbehauptung“. Daraus wird verständlich, weshalb Peirce in den „Prolegomena“ als Beispiel eines solchen „Existential-Graphs“ das englische „the“ angibt (a.a.O., p. 17) und von ihm sagt, daß es selbst nicht existiere (nur „repräsentiere“), aber „Existenz“ determiniere und damit semiotisch als „type“ fungiere. Dies entspricht letztlich dem, was Peirce im Objektbezug seiner triadischen Zeichenrelation als Symbol bezeichnen lehrte, wodurch ja auch nur das bloße „Sein“, nicht die „Art“ eines Etwas behauptet werden soll.
Im Rahmen seiner Entwürfe zu einer Theorie der „Existential-Graphs“ ist Peirce noch auf zwei weitere Begriffe gestoßen, die für seine gesamte Semiotikkonzeption von entscheidender Bedeutung sind: die Begriffe „Universum“ und „Kategorie“ („Prolegomena“), p. 25 ff.). Don D. Roberts hat in seinem Buch über die „Existential-Graphs“ (a.a.O., p. 11, 31 ff., 47 ff., 81, 88 f., 98 ff. u. a.) deren Funktion im Rahmen des Peirceschen pragmatizistischen Kategorien-Graphen-Zeichen-Systems nicht voll erkannt.

Sowohl „Universen" wie auch „Kategorien" sind für Peirce zunächst „enorm große Klassen"; aber „Klassen", die offenbar über „Mengen" definiert und „sehr vermischt" sind und daher bestenfalls „durch Indices" differenziert, aber sonst „nicht beschrieben werden" können (a.a.O., p. 25 ff.). Ein solches „Universum" wird zwar scheinbar als „logisches Universum", als „universe of discourse" eingeführt, aber Peirce vermerkt, daß er den Begriff so benutze, daß viele dieser „logischen Universen" ausgeschlossen werden (ebd.), d. h. (in der Definition, die Don D. Roberts gegeben hat, a.a.O., p. 154) es handelt sich beim Peirceschen „Universe of discourse" um „the domain of objects represented by the 'sheet of assertion'" (d. h. repräsentiert auf der Fläche der Graphen dessen, was der Behauptung fähig ist). Mit Recht macht Don D. Roberts darauf aufmerksam, daß dieses „Universum" nicht mit dem „realen Universum" verwechselt werden dürfe (a.a.O., p. 32); aber sein gleichzeitiger Hinweis auf den Peirceschen Begriff des „entire universe of logical possibilities", der neben „Punkten", „Linien", „Flächen" noch die Flächen-„Tiefe" als „Graphenelement" notwendig macht, verweist auf ein weiteres „Universum" für Graphen, auf jenes, das die Modalitäten zuläßt, auf das „Universe of possibilities" also, das zusammen mit dem „Universe of actualities" das „Universe of discourse" konstituiere (a.a.O., 81, 89).
Man bemerkt hier bereits die *superierende Funktion* dieser Peirceschen „Universen"; aber sie wird noch deutlicher, wenn wir dem wichtigen Hinweis Don D. Roberts auf die „Graphs of Graphs" folgen, eine Idee, die von Peirce mindestens seit 1889 verfolgt wurde und wohl um 1903 eine gewisse Endgültigkeit gewonnen hatte (a.a.O., p. 64, 71).
Die Generierung der „Graphen der Graphen" ist natürlich ein Prozeß der Iteration, d. h. die Anwendung einer

Graphendarstellung auf sich selbst. Peirce spricht — nach Don D. Roberts — von einer „Extension of Existential Graphs" erlaubter Abstraktion, die „consists in asserting that a given sign is applicable instead of merely applying it" (a.a.O., p. 64). Es handelt sich somit bei den „Graphen der Graphen" um eine metasprachliche Formulierung, wie Don D. Roberts sich ausdrückt (a.a.O., p. 71), die die *superierende*, d. h. superzeichen-bildende Manipulierbarkeit der „Zeichen" wie der „Graphen" zum Ausdruck bringt. Gerade sofern Peirce, wie Don D. Roberts angibt (a.a.O., p. 65), im Zusammenhang seiner Überlegungen von „hypostasierender Abstraktion" und von „creation of the mind" spricht, kann man in dieser Hinsicht von einem *superierten Universum superierender Autoreproduktion* der „Zeichen" und „Graphen", in dem es keine isolierten dieser Entitäten geben kann, die selbst stets nur „repräsentiert" und nie „präsentiert" gegeben sind, ausgehen.

Die fundamentalen „Kategorien", auf die nun Peirce neben den „Universen" im Rahmen der „Zeichen" und „Graphen" aufmerksam macht, betreffen zwar selbstverständlich alle jene „Universen", aber sie unterscheiden sich von diesen dadurch, daß anstelle der superierenden Funktion die *fundierende* getreten ist. Universen im Peirceschen Sinne sind in jedem Falle superierte Konnexe, die der superierenden Autoreproduktion fähig sind, aber Kategorien im Peirceschen Sinne sind stets fundamentale Kategorien in geordneter triadischer, unreduzierbarer Relationalität, und sie sind fundierend in der Hinsicht, daß ihre Einführung in ein Universum dieses stets auf die Klassen seiner Elemente zurückführt und somit dessen Fundierung bedeutet, aber fundamental in der Hinsicht, daß sie selbst nicht mehr fundierbar sind. Die Reflexion der „Erstheit" (1.) in „Erstheit der Erstheit" (1.1) ist weder superierend noch autoreproduktiv wie das „Zeichen des Zeichens" oder der

„Interpretant des Interpretanten", sondern lediglich eine retrosemiosische Degeneration des triadischen Korrelats in das trichotomische, und die Autoreproduktion des „Zeichens des Zeichens des Zeichens..." bedeutet lediglich die Generation des trichotomischen Stellenwerts.
Ich versuche nun eine gewisse Koordinierung zwischen den Thematisierungen und Methodologisierungen der *mathematischen Kategorietheorie* (K_{Mat}) einerseits und der *semiotischen Kategorientheorie* (K_{Sem}), wie sie Peirce einführte, andererseits, um gewissermaßen eine doppelte Basis (deren Funktion noch dargelegt wird) für eine neue (gleichermaßen fundamentalisierende und universale) Grundlagentheorie mathematischer Theorien und Systeme zu ermöglichen.
Dabei setze ich zunächst ein allgemeines semiotisches Methodenprinzip voraus, das folgendes besagt: Was überhaupt in natürlichen oder künstlichen bzw. formalisierten Sprachen oder Ausdruckmitteln einzeln und zusammenhängend formuliert werden kann, kann auch in den (selbst nur repräsentierten) *Repräsentationsschemata* der triadischen Zeichenrelation und ihren trichotomischen Stellenwerten erkannt, vermittelt und dargestellt werden.
Eine weitere Voraussetzung besteht selbstverständlich in der Einführung der triadischen Zeichenrelation, der ich hier, wenn Z das Zeichen als solches, ZR die Zeichenrelation, Z(M) das Zeichen als Mittel, Z(O) den Objektbezug und Z(I) den Interpretanten bezeichnet, folgende Form gebe:

$$Z: ZR\,(\,Z(M), Z(O), Z(I)\,).$$

Indem die trichotomischen Stellenwerte bzw. Subzeichen in diese Relation eingeführt werden, läßt sich das Zeichen Z als *vollständiges* Repräsentationsschema wie folgt angeben, womit sein *universaler* Gültigkeitsanspruch vorgegeben ist:

Z: ZR(M(Qua,Sin,Leg),O(Ic,In,Sy),I(Rhe,Dic,Arg))

Die Einführung der *Fundamentalisierungseigenschaft*, die, wie gesagt, von Peirce aus für die semiotischen Repräsentationsschemata gefordert werden kann, hängt mit der Reduktion der triadischen Zeichenrelation auf die Peirceschen ordinalen Kategorien „Firstness" (.1.), „Secondness" (.2.), „Thirdness" (.3.) zusammen. Reduziert ergibt sich für die triadische Zeichenrelation also eine geordnete triadische Kategorienrelation

$$Z: K_{sem}R(.1. > .2. > .3.)$$

deren *fundamentalisierende* Funktion durch die *Ordinalität* („Posteriorität" sagt Peirce in der III. Lowell Lecture von 1903, Ms. 459 des Robinschen Katalogs) gegeben ist.
Unabhängig und natürlich ohne Kenntnis der semiotischen Kategorietheorie hat neuerdings B. Pareigis in „Kategorien und Funktoren" (1969) in der algebraischen Kategorietheorie Momente einer Repräsentationstheorie hervorgehoben und damit auch indirekt auf eine realitätsthematische Funktion der mathematischen Kategoriekonzeption verwiesen. Eilenberg und MacLane hatten jedoch bereits in ihrer gemeinsamen, grundlegenden Arbeit zur Einführung des mathematischen Kategoriebegriffs mit dem Titel „General theory of natural equivalences" (1945) angedeutet, daß das entwickelte *Kategorieschema* als ein Schema der *Repräsentation* für die in gewissen mathematischen Theorien (Algebra, Gruppentheorie, Topologie etc.) *präsentierten* (natürlich abstrakten) *mathematischen* „Objekte" („Gruppen", „Räume" etc.) und den zwischen ihnen sinnvollen, koordinativen

„Relationen“ (Morphismen bzw. Abbildungen) gelten könne. Der Begriff des „Objekts“ der mathematischen Kategorietheorie — sagen wir: der algebraische Objektbezug — ist also jeweils das bestimmten Abbildungsverhältnissen zugehörige und somit auch in einer bestimmten mathematischen Theorie präsentierte „Objekt“, soweit es als repräsentierender algebraischer Objektbezug auf dem Schema der mathematischen Kategorietheorie definiert werden kann. Der Begriff des „Objekts“ der semiotischen Fundamentalkategorien ist der in einer homogenen oder komplexen trichotomisch rekonstruierten Realitätsthematik einer triadischen Zeichenklasse repräsentierende Objektbezug.
Das mathematische Objekt als solches (Gruppe, Zahl, Raum etc.) ist nur dann ein echtes „Objekt“ im Sinne eines formalisierten mathematischen Objektbezugs, wenn es als semiotischer Objektbezug ein vollständiges Objekt im Sinne der homogenen, vollständigen Realitätsthematik der „Zweitheit“ ist, d. h. wenn der Objektbezug den Repräsentationswert

Rpw = 12

besitzt und das ist der Fall, wenn (O) durch die Realitätsthematik

Rth(O): 2.1 2.2 2.3,

also zugleich durch ein Icon, einen Index und ein Symbol bzw. durch die Zeichenklasse

Zkl(O): 3.2 2.2 1.2

repräsentiert ist. Das ist gemäß dem vorangehenden Kapitel über „Zeichenklassen als Repräsentationssysteme“ der Fall, d. h. die durch den algebraischen Kategoriebegriff bestimmten mathematischen Objekte sind als Objekte vollständiger, homogener Realitätsthematik (O) realisiert.

Der thematische Zusammenhang der hier nur verdünnt und knapp entwickelten Peirceschen Theorie der Existential Graphs einerseits und seiner universal-algebraischen Einführung des relationalen Zeichensbegriffs andererseits mit der ebenfalls über Graphen und algebraischen Universen rekonstruierbaren mathematischen Kategorietheorie (Kat_{Mat}) Mac Lanes, Eilenbergs, Lawveres etc. ist primär durch die auf beiden Seiten bevorzugte „hypostasierende Abstraktion“ und „symbolische Hypothypose“ sowie durch die Tatsache gegeben, daß sowohl die „Zeichen“ wie auch die „Kategorien“ durch multiplikative Graphen darstellbar sind. Ich hatte bereits in meinem Aufsatz „Das System der Theoretischen Semiotik“ (Semiosis 1,1976) auf die Möglichkeit einer solchen Darstellung hingewiesen und dabei auch R. Martys (Semiotisches Kolloquium, Perpignan, 1976) geäußerte Erweiterung des Gedankens durch Einbeziehung des Begriffs des kovarianten Funktors erwähnt. Auch die Tatsache, daß sowohl die Peircesche triadische Zeichenkonzeption wie auch die Konzeption der mathematischen Kategorietheorie und ihre Graphendarstellung ein geordnetes Tripel von gewissen Objekten voraussetzen, legt die analoge Thematisierung nahe. Im Prinzip läuft deren Formulierung im wesentlichen auf das Verständnis der triadischen Zeichenrelation

$$ZR = R(\,Z(M), Z(O), Z(I)\,)$$

als ein triadisches System von ‚multiplikativen‘ Morphismen

$$(x \rightarrow y . y \rightarrow z) \Longrightarrow x \rightarrow z$$

hinaus.

In der Graphendarstellung Mac Lanes und F. W. Lawveres sieht die hier verfolgte einheitliche Thematisierung der Zeichenkonzeption und der mathematischen Kategoriekonzeption folgendermaßen aus:

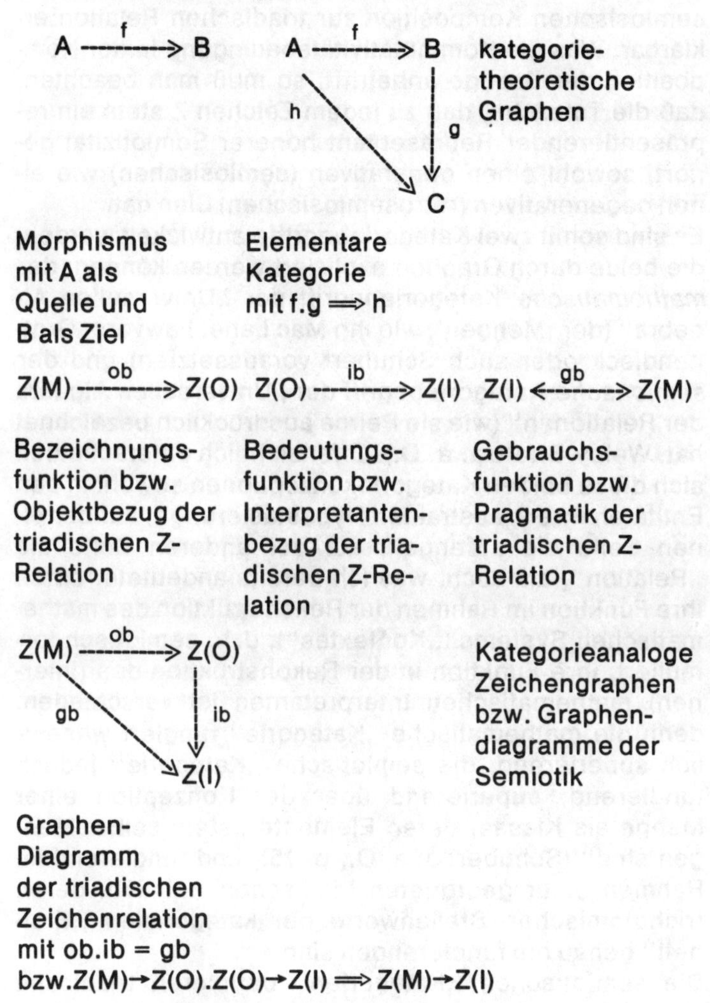

Die in der Definition der mathematischen Kategorie bzw. in ihrer Graphendarstellung enthaltenen Bedingungen der Assoziativität, Kommutativität und Identität sind ohne weiteres auch über den Zeichenbezügen und ihrer semiosischen Komposition zur triadischen Relation erklärbar. Was die Kommutativitätsbedingung in der Komposition der Bezüge anbetrifft, so muß man beachten, daß die Tatsache, daß zu jedem Zeichen Z stets ein repräsentierender Repräsentant höherer Semiotizität gehört, sowohl einen generativen (semiosischen) wie einen degenerativen (retrosemiosischen) Sinn hat.
Es sind somit zwei Kategoriebegriffe entwickelt worden, die beide durch Graphen expliziert werden können: der *mathematische* Kategoriebegriff der „Universellen Algebra" (der ‚Mengen', wie ihn Mac Lane, Lawvere, Grothendieck oder auch Schubert voraussetzten) und der *semiotische* Kategoriebegriff der „Universellen Algebra der Relationen" (wie sie Peirce ausdrücklich bezeichnet hat, Welby-Briefe a. a. O.). Offensichtlich unterscheiden sich diese beiden Kategoriekonzeptionen sowohl in den Entitäten ihrer „abstrakten Hypostasierung", auf der einen Seite die „Menge", auf der anderen Seite die „Relation", als auch, was ich bereits andeutete, durch ihre Funktion im Rahmen der Rekonstruktion des mathematischen Systems („Kontextes"); d. h. semiotisch formuliert: ihre Funktion in der Rekonstruktion des (internen) mathematischen Interpretanten ist verschieden, denn die mathematische „Kategorie" fungiert wesentlich superierend, die semiotische „Kategorie" jedoch fundierend; superierend über der Konzeption einer Menge als Klasse, deren Elemente „stets selbst Mengen sind" (Schubert a. a. O., p. 15), und fundierend im Rahmen einer geordneten triadischen Relation, deren trichotomischen Stellenwerte der kategorialen „Erstheit" genau die fundierenden sind.
Die semiotischen „Kategorien" definieren triadische

Relationen als triadisch-trichotomische Repräsentationsverläufe mit Stellenwerten, die den Begriff der (retrosemiosischen) ,,Begründung" bereits einschließen und über die hypothetischen Axiomatisierungs- und Schlußfolgen logischer Provenienz hinaus durch hypostasierende Abstraktions-, Selektions- und iterierende Koordinationsprozesse, also durch ,,Semiosen" erweitern und tieferlegen. Die algebraischen ,,Kategorien" hingegen definieren keine graduierenden Abstraktionsprozesse, sondern gehen immer schon von definierten und hypostasierten abstrakten Vorstellungen aus (abstrakten, aber eliminierbaren ,,Objekten", abstrakten ,,Morphismen" und deren abstrakte ,,Multiplikationen", deren konkrete ,,Replica" selbst wieder solche ,,hypostasierte Abstraktionen" darstellen und z. B. als ,,Kategorie" der ,,Mengen eines festen Universums" („ens"), als ,,Kategorie" der ,,abelschen Gruppen", der ,,topologischen Räume" u. dergl.). Deren ,,(Replica-) Morphismen" wie ,,stetige Abbildungen", ,,Homomorphismen" u. dergl. sind natürlich relativ zu den abstrakten Hypostasierungen der allgemeinen Theorie, semiotisch gesehen, Retrosemiosen, aber es sind keine fundierenden Retrosemiosen, sondern konkretisierende oder realisierende (verifizierende) Retrosemiosen. Diese retrosemiosischen ,,Replica" der ,,ens", ,,top" usw. gehören letztlich zu einem ,,Universum", das sich durch die semiotische Autoreproduktion (,,Menge aller Mengen...") auszeichnet, die schließlich auch die ,,Kategorie" selbst zum Gegenstand der mathematischen Kategorietheorie werden läßt und bei Lawvere ausdrücklich als ,,super-category" bzw. als ,,(meta-)category of categories" eingeführt wird (Adjointness in Foundation, p. 284).

Zum tieferen wissenschaftstheoretischen und erkenntnistheoretischen Verständnis der semiosisch oder retrosemiosisch generierten ,,hypostasierenden Abstraktionen" im Rahmen der beiden Kategoriekonzeptionen möchte ich auf zwei allgemeinere, aber weniger beachtete diesbezügliche thematisierende Überlegungen von Peirce eingehen. Die erste betrifft den Begriff der „Kreation", die zweite den Begriff des „Geistes" im allgemeinsten Sinne.

In einem Fragment „Analysis of Creation" (Ms. 1105, ed. E. Walther in „Semiosis " 2, 1976) findet sich eine Definition der „Kreation", unter die alle semiosischen und retrosemiosischen Prozesse hypostasierender Abstraktion und Kreation subsumiert werden können: „Creation is but the realization of abstraction. Our world is the creation whose abstractions can be realized in thought & feeling. That abstraction should become modification of consciousness what is wanting? That it should be combined with the manifold of sensation..." (a. a. O., p. 6). Die Theorie der „Sprache" und der „Bedeutung", des „Ausdrucks" und der „Regulation", die an diesen Begriff des „Bewußtseins" angeschlossen wird, determiniert auch jene Konzeption des „Geistes", die in den „Prolegomena zu einer Apologie des Pragmatizismus" enthalten ist (vgl. „Graphen und Zeichen", p. 33 ff.).

Diese Konzeption des „Geistes" zeigt drei Modifikationen ihrer Ausprägung, doch ist sie in jeder Hinsicht ihrer spekulativen Notierung den Peirceschen Vorstellungen von der „Universellen Algebra der Relationen", der Theorie der „Graphen", insbesondere der „Existential Graphs" und schließlich der „Symbolic Logic" entsprechend, und es könnte nur erstaunlich sein, wenn die Peircesche kreierende Arbeit an diesen so fundamentalen und universalen theoretischen Systemen der ens rationis, wie sie Semiotik, Graphik und Logik darstellen, nicht mindestens zu einem definitorisch sicheren und theoretisch thematisierbaren Begriff des „Geistes" geführt hätte.

Die drei Modifikationen können folgendermaßen in der

bereits angedeuteten kategorialen Anordnung annäherungsweise beschrieben werden:

1. „Geist" verstanden als autoreproduktives Universum nicht isolierbarer „Zeichen" einer immer schon und nur „repräsentierten" und „repräsentierenden" generalisierten (also thematisierten) „Realität", in der die sogenannten „Objekte" in der relationalen triadischen „Repräsentation" als solche einem „fading"-Prozeß ausgesetzt sind und daher in der semiotisch-fundierenden und algebraisch-superierenden Abstraktion eliminierbar sind (Prolegomena p. 17, 19, 34 ff.; Analysis of Creation p. 6, sowie auch Schubert, Kategorien I, p. 2 a.a.O., und Kurosch, Liwschitz, Schulgeifer u. Zalenko, Zur Theorie der Kategorien, dtsch. 1963, p. 12).
2. „Geist" verstanden als Inbegriff des „umfassendsten Universums der Realität" der effektiv wahren Sätze bzw. der belegten Graphen (als Replica der „Existential Graphs") und, als „sema der Wahrheit", aufzufassen als ein „Quasi-Geist", wie der Terminus von Peirce lautet, in dem der „Graphist" (die reale Sendefunktion eines „Bewußtseins") und der „Interpret" (die reale Empfängerfunktion des gleichen oder eines anderen „Bewußtseins") in einer Relation vereinigt zu denken sind. Es handelt sich um eine Vorstellung, die als kommunikativer Begriff des „Geistes" bezeichnet werden könnte (Prolegomena, p. 34, 37).
3. „Geist" (im Sinne von „mind") als „Satzfunktion des umfassendsten möglichen Universums" verstanden, „und zwar derart, daß ihre Werte die Bedeutungen (meanings) aller Zeichen sind, deren aktuale Wirkungen untereinander effektiv verbunden sind". Offenbar entspricht dieser Begriff des „Geistes" als universale „Satzfunktion" dem Begriff des „Bewußtseins" als universale „Funktion" und kann damit als

universaler „Interpretant" (der alle semiotischen Interpretantenbegriffe, die zeichenexternen wie die zeicheninternen, zusammenfaßt) aufgefaßt werden (Peirce, Prolegomena, p. 33, W. James, Does Consciousness exist?, 1904).

Es gehört zum Fazit dieser Peirceschen Überlegungen zu den Begriffen „Kreation" und „Geist", daß wir die Welt der Objekte (ω) in den semiosischen und retrosemiosischen (zeichenbildenden und zeichenrückbildenden) Phasen unserer Abstraktions- und Konkretionsprozesse in ein Bewußtsein der Repräsentamen (β) transformieren, deren *triadische* Elemente (die kategorialen Zeichenrelationen auf der einen und die Kategorien algebraischer Morphismen auf der anderen Seite) in jedem Falle Graphendiagramme bzw. Zeichenschemata der transformierenden *Vermittlung* zwischen der thematisierten Weltrealität der Objekte (ω) und der thematisierten Bewußtseinsfunktion der Repräsentamen (β) darstellen. Damit kann, sofern man sich überhaupt gezwungen sieht, das triadische Relationsschema der Repräsentation zugleich als triadisches Transformationsschema der Kommunikation aufzufassen, noch auf einen weiteren diesbezüglichen Gedanken von Peirce zurückgegriffen werden.

Es handelt sich um die in den „Prolegomena" entwickelte Idee des „Quasi-Senders" (quasi-utterer) und des „Quasi-Empfängers" (quasi-interpreter) (a. a. O., p. 34). Mit diesem zweiten Schema macht Peirce das Repräsentationsschema als Kommunikationsschema endgültig deutlich. Der „Quasi-Sender" und der „Quasi-Empfänger" fungieren selbstverständlich innerhalb der Zeichenprozesse. Sie sind zeicheninterner Natur, gehören (wie „Vorbereich" und „Nachbereich") zur konstituierten triadischen Relation selbst. Auch ist klar, daß der „Quasi-Sender" das semiotische Weltobjekt (ω) und der „Quasi-Empfänger" die semiotische autoreproduktive

Bewußtseinsfunktion (β) als universalen Interpretanten, wie ich ihn nannte, thematisiert. Im ganzen gesehen bedeutet die Entwicklung dieser Idee bei Peirce 1. eine Erweiterung der mit den „Existential Graphs“ gegebenen triadischen Zeichenkonzeption, 2. die Einführung einer frühen abstrakten Kommunikationsvorstellung in die Erkenntnistheorie und 3. eine erweiterte Annäherungsmöglichkeit der semiotischen Existenzgraphen an die algebraischen Kategoriegraphen. Die letztere dieser Erweiterungen ist uns vor allem deshalb wichtig, weil sie die erstere verständlich macht. Geht man mit MacLane, Lawvere, Schubert u. a. von einer Darstellung der „Morphismen“ f über den „Objekten“ A, B aus und schreibt

$$f \subset (A,B) \equiv f{:}A \dashrightarrow B \equiv A \overset{f}{\dashrightarrow} B,$$

dann wird darin A als„domain“ (Quelle, source) und B als „codomain“ (Ziel, but) bezeichnet. Diese letzten Termini legen nahe, von Peirce aus als „Graphist“ und „Interpret“ bzw. als „Quasi-Sender“ und „Quasi-Empfänger“ (als „quasi-utterer“ und „quasi-interpreter“) aufgefaßt zu werden. Unter dieser Voraussetzung ergibt sich die Möglichkeit, die Peirceschen Zeichenrelationen nicht nur, wie schon angedeutet, als System von „Morphismen“ („Bezügen“) zu verstehen, sondern einerseits die obigen Kategoriengraphen als Zeichengraphen zu benutzen, um triadische Zeichenrelationen, z. B. Zeichenklassen, zu fixieren und andererseits aber auch die semiotische Konstitution der algebraischen Kategorien sichtbar zu machen. Da die Schreibweise

$$A \overset{f}{\dashrightarrow} B$$

die „Quelle“ (domain) A als semiotisches Weltobjekt (ω) und das „Ziel“ (codomain) B als semiotische Bewußtseinsfunktion (β) zu determinieren erlaubt, während f als semiotisches (zeicheninternes) Vermittlungsmedium (μ) angesehen werden muß, ist die triadische Zeichenrelation in folgender Form zu notieren:

$$\omega \xrightarrow{\mu} \beta$$

bzw. $$Z(O) \xrightarrow{Z(M)} Z(I)$$

Selbstverständlich lassen sich dann auch die Zeichenklassen über dem Schema „Quasi-Sender" → „Quasiempfänger" bzw. „domain"→„codomain" ausdrücken, z. B. die sechste Zeichenklasse (der Zeichenthematik) bzw. sechste Trichotomie (der Realitätsthematik), die wechselseitig invariant sind gegen die Dualisierung und daher die semiotische Koinzidenz von Zeichenthematik und Realitätsthematik bzw. Triade und Trichotomie ausdrücken:

$$In \xrightarrow{Leg} Rhe$$

bzw. in der fundamental-kategorialen Notation:

$$2.2 \xrightarrow{1.3} 3.1$$

Unter den hier erörterten versuchsweise verdoppelten Kategorie-Voraussetzungen (der algebraischen und der semiotischen) und ihrer Notation in Graphen läßt sich nun auch die genaue semiotische Natur der Peirceschen „Existential Graphs" erkennen. Gemäß ihrer Definition, nur auf „Existenz", nicht auf „Essenz" zu verweisen, handelt es sich um „symbolische" Kennzeichnungen. Es sind daher semiotisch folgende drei Existenzgraphen zu unterscheiden:

rhematischer Existenzgraph:

$$Sy \xrightarrow{Leg} Rhe \equiv 2.3 \xrightarrow{1.3} 3.1 \quad (\text{„Sema"})$$

dicentischer Existenzgraph:

$$Sy \xrightarrow{Leg} Dic \equiv 2.3 \xrightarrow{1.3} 3.2 \quad (\text{„Phema"})$$

argumentischer Existenzgraph:

$$Sy \xrightarrow{Leg} Arg \equiv 2.3 \xrightarrow{1.3} 3.3 \quad (\text{„Diloma"})$$

(„Sema", „Phema", „Diloma" sind Ausdrucksweisen, die Peirce in der Graphenentwicklung der „Prolegomena" benutzt).
Don D. Roberts hat nun in seinem bereits mehrfach zitierten Buch über „The Existential Graphs" von einem „ersten" und einem „zweiten System" der „Graphen" gesprochen (a. a. O., p. 25, 27). Als „erstes" (früheres) „System" führt er die von Peirce so bezeichneten „Entitative Graphs" an. „Entitativ" folgt der Bedeutung einer aktual existierenden „Entität" bzw., wie Don D. Roberts nach Peirce zitiert, eines „aktual existierenden Objekts" (a. a. O., p. 152), wie es durch ein „individuelles Diagramm" gegeben sein kann. Auch diese semiotisch motivierten „entitativen Graphen" können, gemäß ihrer triadischen Konstituierung, als algebraische Kategoriegraphen in fundamentalkategorialer Notation bzw. als Zeichenklassen (zeicheninterner Kommunikativität) fixiert werden. Danach bilden folgende sieben kategoriegraphisch fixierten Zeichenklassen das System der „entitativen Graphen":

abstraktiver Abbildungsgraph:

$$Ic \xrightarrow{Qua} Rhe \equiv 2.1 \xrightarrow{1.1} 3.1$$

singulärer Abbildungsgraph:

$$\text{Ic} \xrightarrow{\text{Sin}} \text{Rhe} \equiv 2.1 \xrightarrow{1.2} 3.1$$

konventioneller Abbildungsgraph:

$$\text{Ic} \xrightarrow{\text{Leg}} \text{Rhe} \equiv 2.1 \xrightarrow{1.3} 3.1$$

singulärer Designationsgraph:

$$\text{In} \xrightarrow{\text{Sin}} \text{Rhe} \equiv 2.2 \xrightarrow{1.2} 3.1$$

offener (beliebiger) Designationsgraph:

$$\text{In} \xrightarrow{\text{Leg}} \text{Rhe} \equiv 2.2 \xrightarrow{1.3} 3.1$$

eigentlicher Entscheidungsgraph:

$$\text{In} \xrightarrow{\text{Sin}} \text{Dic} \equiv 2.2 \xrightarrow{1.2} 3.2$$

konventioneller Entscheidungsgraph:

$$\text{In} \xrightarrow{\text{Leg}} \text{Dic} \equiv 2.2 \xrightarrow{1.3} 3.2$$

Ein Graph ist selbstverständlich eine triadische Relation und als solche „Skelett" oder „Träger" eines triadischen Zeichens, wie wir uns immer ausgedrückt haben. Aber wie jedes „Zeichen" nur in differenzierter thetischer Zeichenthematik, also als „Zeichenklasse" fungiert, stellt auch der vollständige und fungierende „Graph", wie man erkennt, stets eine der „Zeichenklasse" entsprechende „Graphenklasse" dar. Zusammen mit den „Entitative Graphs" stellen also die „Existential Graphs" das System der zeichenanalogen „Graphenklasse" dar, und man darf formulieren, daß jede „Graphenklasse" der „Instant" eines „Graphen" ist.
Als Ziel dieser Untersuchung schwebte natürlich zunächst immer nur die kategorietheoretische Legitimie-

rung der semiotischen Konzeption der triadisch-trichotomischen Zeichenrelationen einerseits und die semiotische Legitimierung der algebraischen Kategorietheorie und ihrer Graphen andererseits vor.
Ich sage *Legitimierung*, weil sich diese stets auf die bloße Einführung und „Organisation" (wie diese von G. Kreisel in einem Appendix zur kategorietheoretischen Begründung der Mathematik verstanden wird) der Begriffe einer konzipierten Theorie bezieht, um die es in den beiden hier erörterten Systemen zunächst einmal ging. Wenn diese wechselseitige Legitimierung von Begriffsbildungen zu einer wechselseitigen *Fundierung* von Sätzen entwickelt werden kann, wird es sich auch darum handeln, ein prinzipielles *Theorem* zu begründen, das hier auf Grund der vorausgegangenen Überlegungen nur antizipierend und intuitiv formuliert werden kann:
Die algebraische *Kategorie* der (semiotischen) *Zeichen* (mit den Relationen als Morphismen) ist das (algebraische) *Zeichen* der semiotischen *Kategorien* (mit deren Produkten als Trichotomien).
Mit diesem prinzipiellen Theorem, das hier nur als (dualisierende) Hypothese erscheint, hängt zusammen, daß der triadisch-trichotomisch rekonstruierbare Existential-Graph der (großen) algebraischen Kategorie sich auch als der Kategorie-Graph der (vollständigen) triadisch-trichotomischen Zeichenrelation fixieren läßt. Die semiotischen „Fundamentalkategorien" (.1.), (.2.), (.3.) definieren daher (mit den „Rängen" als Objekten und den „Semiosen" als Morphismen) wieder die (große) algebraische „Universum-Kategorie".
So scheint mir mit der algebraischen Kategorietheorie die neuere Mathematik einen verfeinerten und verzweigteren Grad ihrer Denkweise erreicht zu haben, die dadurch bestätigt wird, daß ihr superierendes, metamathematisches Niveau beinahe mit der fundierenden Ord-

nungsrelation einer pro-mathematischen Kategorietheorie koinzidiert. Mit anderen Worten: Indem man mit der jüngsten Entwicklung mathematischer Grundlagenforschung auf fundierende und superierende Kategorien stößt, gewinnt man eine Methodologie der Analyse, die insofern philosophische Intentionen zulassen kann, als sie selbst stets realitätsthematische und erkenntnistheoretische Begriffsbildungen bis in die feinsten Verästelungen linguistischer, logistischer und beweistheoretischer Überlegungen mitführt.

12. Begriff und Aufgaben einer Pro-Axiomatik der Semiotik

1.

Semiotik ist als eine operationelle Theorie aufzufassen; ihre operativ durchführbaren Prozesse heißen *Semiosen*; generierende oder degenerierende Semiosen bzw. Retrosemiosen, je nachdem ihre Prozeduren wie Selektion, Zuordnung, Suberisation, Superisation etc. im Repräsentationsverlauf zu semiotischen Ausdrücken höherer oder niedererer Semiotizität führten.

Als operationelle Theorie handelt es sich also bei der Semiotik um einen repertoiriell thetisch eingeführten und selektiv rekonstruierbaren Zeichenkörper, dessen repräsentierbarer Realitätsgehalt ebenso thetisch wie stückweise ausschließlich durch die geregelten generativen oder degenerativen Semiosen thematisiert wird.

Der reguläre Ablauf dieser Semiosen bzw. Retrosemiosen in den triadischen Zeichenrelationen und über den trichotomischen Subzeichen wird selbstverständlich stets durch jene drei *thetischen* semiotischen Zustände determiniert und limitiert, die wir das *thetisch* (eingeführte) *Repertoire*, den *hypothetisch* (zugeordneten) *Objektbezug* und den *hyperthetisch* (aus dem Repertoire selektiv rekonstruierten) *Interpretanten*(-Kontext) nennen.

Sofern nun jeder operative Prozeß ein Anordnungsschema erfüllt und jede **semiotische Repräsentation** im Schema **der thetischen Einführung, Zuordnung** und **Superisation** des Kontextes die trichotomischen Subzeichen zu einer triadischen Zeichenklasse über den Fundamentalkategorien der „Erstheit“, „Zweitheit“ und „Drittheit“ ordnet, stellt die operationelle Theorie der Semiotik selbstverständlich eine kategorial ordnende, eine kategorial fundierende und eine kategorial universelle Theorie extremer Reichweite der Applikation dar. Versteht man also die Semiotik als eine operationelle Theorie der kategorialisierenden, fundierenden und universalisierenden Prozeduren der Repräsentation, dann ist die mögliche Einordnung in die traditionelle Axiomatik, die ja Repräsentationen auf der logisch-semantisch-mathematischen (also schließenden, bewertenden und gleichsetzenden) Ebene der Darstellung in formalen und natürlichen Sprachen entwickelt, ohne weiteres gegeben. Damit ist die Semiotik, unabhängig davon, ob und wie weit sie selbst als Theorie axiomatisiert werden kann, eine *Pro-Axiomatik*, sofern sie nämlich den semantischen Deduktivitätsverlauf formalisierter und fundierender Axiomatiken als kategoriale Semiosen des triadischen Repräsentationsverlaufs beschreibt und operationell legitimiert. (Beiläufig füge ich hinzu, daß diese Überlegung bereits in dem schon früher angegebenen allgemeinen schematischen Selektionsverhältnis bezüglich der „Begriffe“ und „Bezeichnungen“ zwischen Semiotik, Mathematik und Logik

$$\text{Sem} > \text{Math} > \text{Log}$$

einen angenäherten Ausdruck gefunden hat, so daß also diese Selektionsfolge zur Pro-Axiomatik gehört).
Wir sprachen von traditioneller Axiomatik und verstanden darunter die formal-logischen Axiomatiken dedukti-

ver Systeme. Deren Determination der Schlußfolgen (Einsetzungen und Abtrennungen) wird durch die semantischen Wahrheitswerte „wahr" und „falsch" geregelt im Unterschied zur semiotischen Pro-Axiomatik, in der (obgleich die Wahrheitswerte zur semiotischen Charakteristik der Interpretanten verwendet werden können) die pro-axiomatischen Formulierungen nur die Semiotizität bzw. den fundamentalkategorialen Stellenwert in der konstruktiven Entwicklung der axiomatisch relevanten triadischen Repräsentationsschemata zum Ausdruck bringen. Für die pro-axiomatische Analyse der deduktiven Axiomatiken kommt es dementsprechend darauf an, für die logisch-axiomatischen Ausdrücke jeweils die semiotisch-pro-axiomatischen Repräsentationsschemata zu formulieren, d.h. die diskutablen triadischen Relationen, Zeichenklassen, Realitätsthematiken etc. mit ihren Semiosen und Retrosemiosen zu bestimmen.

Geht man nun von der operationellen semiotischen Annahme aus, daß gewisse entscheidende Eigenschaften dyadischer Repräsentationen auf der logischen Ebene bereits durch entsprechende oder gleichwertige auf der kategorial tiefer liegenden semiotischen Ebene der triadischen Relationen determiniert sind (was durch das angeführte Selektionstheorem *Sem > Log* verifiziert werden kann), dann liegt es nahe, die bekannten Forderungen der Vollständigkeit, der *Unabhängigkeit* und der *Widerspruchsfreiheit*, die an Axiomensysteme der logisch-mathematischen Provenienz gestellt werden müssen, pro-axiomatisch, also durch entsprechend determinierende Forderungen auf der semiotischen Repräsentationsebene, zu begründen und zu legitimieren. Gerade diese legitimierende pro-axiomatische Methode verleiht natürlich der bis auf gewisse Konzeptionen von Peirce selbst zurückführbaren Auffassung Ausdruck, daß es sich bei der theoretischen Semiotik, insbesonde-

re hinsichtlich ihrer fundierenden und kategorisierenden Intentionen, auch um einen *metaphysischen Formalismus* (Mehlbergschen Typs) handelt.
Zur Erörterung der semiosischen Verhältnisse im Repräsentationsverlauf eines Axiomensystems, gleichgültig ob formaler oder inhaltlicher Art, ist offensichtlich zumindest die zur Diskussion der für ein einzelnes Axiom (im generellen Sinne) erstellbare Zeichenklasse nötig. Peirce hat in „On the algebra of logic" (Am. J. of Mathematics, 1885, p. 180 ff. CP 3.359 ff.) als erster Axiome semiotisch betrachtet und von den aussagenlogischen Axiomen als „Icons" gesprochen. Dazu ist allerdings zu bemerken, daß er dabei erstens zweifellos nur die formal-iconische Beschaffenheit des Icons als determinierendes Ausdrucksmittel der „proposition" in Betracht ziehen wollte, zweitens darüber hinaus vermutlich lediglich von der „hypothetischen" Natur der Axiome ausging, sofern sie für ihn den „idealen Status der Dinge", auf die sie sich bezogen, festlegten und damit drittens für ihn aus der (wohl erst in den späteren „Lady-Welby-Briefen" völlig geklärten) triadischen Zeichenklasse zunächst nur der Objektbezug wichtig war.
Nun ist aber sicher, daß ein Axiom in der Mathematik, der Logik oder überhaupt in mehr oder weniger formalen und deduktiv zugängigen Systemen stets als Aussage, formaler oder auch nicht formaler sprachlicher Provenienz, formuliert wird. Semiotisch heißt das, daß ein Axiom im Prinzip als Interpretant eines Objektbezugs einer triadischen Zeichenrelation aufgefaßt werden muß. Daraus ergibt sich aber zwangsläufig, daß in einer pro-axiomatischen semiotischen Betrachtung ein Axiom nicht nur in seinem *hypothetisch* (zuordnenden) Objektbezug einer ideal thematisierten Realität (Zahlen, Mengen, Punkte, Funktionen, Prädikate, Funktoren, Räume etc.) berücksichtigt werden muß, sondern vor allem im *hyperthetischen* kontextlichen Interpretantenbe-

zug, der in diesem Falle die sachbezogenen Operationen (realer Rekonstruktion) in satzbezogene Funktionen (semantischer Deduktion) transportiert.
Es ist leicht zu sehen, daß im Zusammenhang dieser semiotischen Überlegungen ohne weiteres zwei verschiedene Realitätsthematiken der Mathematik, die „interpretantenabhängige" als formal-logisches System von semantisch zweiwertigen Aussagen thematisierte Mathematik und die „objektbezogene" Mathematik konstruktiv thematisierter Eigenrealität, unterschieden werden können und in der pro-axiomatischen und axiomatischen Diskussion auch unterschieden werden müssen. (Ich möchte hier anmerken, daß sich eine entsprechende Unterscheidung andeutungsweise in den verschiedenen Konzeptionen Peirces zur Mathematik und ihren Grundlagen findet, so in „On the foundation of mathematics", (Ms.7 von etwa 1903, dtsch. edition rot, 52, 1976) sowie in den „Elements of mathematics" (Ms. 165 von etwa 1895), das C. Eisele in ihrer Ausgabe der „New Elements of mathematics" 1976 publizierte und in den „Lowell Lectures" (Ms. 459, III von 1903), die partiell ebenfalls von C. Eisele ediert worden sind. Allerdings hat Peirce seine Differenzierung nicht explizit semiotisch begründet. In den „Lowell Lectures" wiederholt er zunächst die bekannte Auffassung seines Vaters, daß Mathematik die Wissenschaft sei, „die notwendige Schlüsse" ziehe. Er erweitert und verschärft diese Definition, indem er im Laufe ihrer Explikation hinzufügt, daß das „Sein" dieser Wissenschaft in der „Wahrheit von Etwas" bestehe, wobei der Akzent auf *Wahrheit* liegt. Diese applikative Mathematik „*logischer* Vorstellungen" wie „Mächtigkeiten", „Kollektionen", „Kardinalzahlen" im Sinne Cantors wird aber deutlich getrennt von der „reinen Mathematik", die keine „Zahl" als „Mächtigkeit", als „Kardinalzahl" kenne, sondern nur die „Zahl" im Sinne der „posteriority", des

„Nachfolgers", der „Ordinalzahl" also und deren mathematisches Sein in der konkreten „Existenz von Etwas" bestehe.)
Hätte man nun die Zeichenklasse der von Peirce als „Icons" bezeichneten Axiome seiner „proposition"-Logik zu bilden, so müßte sie als

Zkl (Icon): 3.1 2.1 1.3

eingeführt werden, deren Realitätsthematik somit

Rth (Icon): 3.1 1.2 1.3

wäre, also die des von Peirce so genannten „hypothetischen, kategorischen und relativen" unmittelbaren Interpretanten bzw. mittelthematisierten Interpretanten darstellt.
Diese Rekonstruktion der rhematischen Zeichenklasse der Peirceschen hypothetischen „Icons" als System der Axiome (der elementaren Aussagenlogik), erfüllt somit die semiotischen Bedingungen der Existenz eines objektbezogenen Axiomensystems mit thematisierter Eigenrealität (der der „Aussagen"). Da jedoch der rhematische hyperthetische Interpretant in diesem Falle offensichtlich semantisch neutral, nämlich als weder wahr noch falsch eingeführt wird, sind diese Axiome, wie es Paul Bernays gelegentlich für Axiome überhaupt meinte, keine eigentlichen Urteile. Sie haben nur selektive Evidenz, d.h. offene Evidenz einer nichtabgeschlossenen, formalisierenden Abstraktion und thematisieren, was sie durch den Objektbezug bezeichnen, auch nur im unabgeschlossenen hyperthetischen Kontext der unvollständigen oder gemischten Realitätsthematik eines „unmittelbaren" bzw. mittelthematisierten Interpretanten.
Wichtiger für die neueren Axiomatiken, etwa für die von

Frege, Russell, Hilbert und Lukasiewicz, sind jedoch solche Axiome, die nicht durch rhematische hyperthetische Interpretanten, sondern als dicentische Interpretanten, die „der Behauptung fähig", also tatsächlich wahr oder falsch sind, eingeführt werden. Ihr Objektbezug erscheint nicht mehr als die formalisierte Abstraktion eines „Icons", sondern als Regelzusammenhang, der sein Objekt indexikalisch bezeichnet. In diesem Falle ist die Zeichenklasse des hyperthetischen Axioms durch

$$\text{Zkl}\ (\text{Axiom}_{\text{In}}) : 3.2\ \ 2.2\ \ 1.3$$

mit der Realitätsthematik des objektthematisierten Interpretanten

$$\text{Rth}\ (\text{Axiom}_{\text{In}}) : 3.1\ \ 2.2\ \ 2.3,$$

gegeben, was dem hyperthetischen Kontext des Peirceschen „dynamischen Interpretanten" entspricht.
Man bemerkt natürlich sofort die höhere Semiotizität des „dynamischen" im Verhältnis zum „unmittelbaren" Interpretanten, die ihn geeignet macht, im vollständigen und in sich abgeschlossenen dicentischen Interpretanten der Axiomensysteme der formalen, deduktiven Satzsysteme zu fungieren. Systeme derartiger dicentischer Vollständigkeit sind also Systeme hyperthetischer Abgeschlossenheit bzw. argumentische Interpretanten. Ihre Zeichenklasse ist dementsprechend durch

$$\text{Zkl}\ (\text{AS}): 3.3\ \ 2.3\ \ 1.3$$

mit der Realitätsthematik des vollständigen Interpretantenbezugs

$$\text{Rth}\ (\text{AS}): 3.1\ \ 3.2\ \ 3.3$$

gegeben.

Man erkennt auch in dieser Entwicklung der hyperthetisch aufgefaßten Axiome zum abgeschlossenen, vollständigen Axiomensystem die ansteigende Semiotizität. Im Peirceschen elementaren rhematischen Axiom

Zkl (Icon): 3.1 2.1 1.3

und der dazu gehörenden Realitätsthematik des „unmittelbaren Interpretanten" dominierte, wie gesagt, die Fundamentalkategorie der „Erstheit" (3 x .1.); im dicentisch-indexikalischen Axiom formaler deduktiver Systeme

Zkl ($Axiom_{In}$): 3.2 2.2 1.3

und seiner Realitätsthematik des „dynamischen Interpretanten" die Fundamentalkategorie der „Zweitheit" (3 x .2.) und in der Zeichenklasse bzw. Realitätsthematik des vollständigen Axiomensystems (einschließlich seiner vollständigen Folgerungsmengen) des vollständigen Interpretantenbezugs

Zkl (AS): 3.3 2.3 1.3 x Rth (AS): 3.1 3.2 3.3

erreicht die „Drittheit", die Fundamentalkategorie höchster Semiotizität, die maximale Ausdehnung.
Damit ist bereits angedeutet, in welcher Weise das Prinzip der generierenden bzw. anwachsenden *Semiotizität* im semiotischen Repräsentationsverlauf dem Prinzip der stringenten *Deduktiviät* im logischen Ableitungsverlauf entsprechen könnte. Mindestens darf von dieser methodologischen und fundamentalkategorialen Voraussetzung ausgegangen werden, wenn die semiotischen und proaxiomatischen Verhältnisse der metamathematischen bzw. metalogischen Forderungen der „Unabhängigkeit", „Vollständigkeit" und „Wider-

spruchsfreiheit" formaler axiomatischer Systeme erörtert werden sollen.

Darüber hinaus sind es alsdann im wesentlichen noch folgende operationell zugängige Theoreme, die in den detaillierteren pro-axiomatischen Überlegungen zur Geltung kommen: erstens, daß jeder logische Repräsentationsverlauf in einem linguistisch zufälligen und beschränkt gültigen sprachlichen System *fundamentalkategorial determiniert* ist durch die universal gültigen semiosischen Repräsentationsverläufe in triadisch-relationalen Zeichensystemen; zweitens, daß im semiotischen Repräsentationsverlauf die **selektive Generierung** der Subzeichen in den triadischen bzw. trichotomischen Relationen stets vom Subzeichen niederer Semiotizität zum Subzeichen höherer Semiotizität, nicht umgekehrt, übergeht; der entgegengesetzte Vorgang ist ein degenerativer Repräsentationsverlauf fallender Semiotizität; drittens, daß ein *Zeichen* nie als ein bloßes *Subzeichen* eine effektiv repräsentierende Funktion ausüben bzw. konkret, d.h. selektiv-zuordnend, *realisiert* werden kann, sondern stets nur als triadische Relation einer trichotomischen Folge von fundamentalkategorial geordneten Subzeichen und somit nie anders als in einer *Zeichenklasse* oder deren *Realitätsthematik* operativ, d.h. *semiosisch* oder *retrosemiosisch* fungiert.

2.

Ich stelle nun im folgenden zunächst die wesentlichen Voraussetzungen einer *semiotischen Beweistheorie* dar, und zwar gemäß den für eine solche Theorie operationell wichtigsten Gesichtspunkten.

1. Unter einem „Beweis" versteht die semiotische Repräsentation vor allem ein Verfahren bzw. einen Zustand

der Trennung zwischen „Axiomen", „Folgerungen" und den (im eigentlichen Sinne den „Beweis" fordernden) „Lehrsätzen" bzw. „Theoremen". In einem gewissen Sinne läuft diesem Beweissystem ein Prozedurensystem parallel, das man in semiotischer Sicht am besten als ein System aus „Definitionen", „Regeln" und „Belegen" beschreibt.

2. Jeder „Beweis", der in seiner *formalen* Konstruktion die *Divergenz* zwischen objektsprachlichen und metasprachlichen Formulierungen ermöglicht, entspricht damit der semiotischen Repräsentation dieses Beweises im *Dualitätssystem* einer argumentischen Zeichenklasse und ihrer Realitätsthematik.

3. Jeder „Beweis" beruht semiotisch auf einer (generativen) *anwachsenden Semiotizität*, d.h., der *Repräsentationswert* (Rpw) erreicht im idealen Beweissystem (also in der argumentischen Zeichenklasse bzw. in ihrer Realitätsthematik den maximalen Wert Rpw = 15. Unter dem Repräsentationswert (Rpw) wird dabei die Summe der im Repräsentationsschema (d.h. in der Zeichenklasse bzw. Realitätsthematik) auftretenden Fundamentalkategorien bzw. Primzeichen-Zahlen, die hier als graduierende Maßzahlen der Semiotizität fungieren, verstanden.

4. Jeder „Beweis" wird demnach als ein *argumentisches,* abgeschlossenes *Superdicent* repräsentiert, darin die Dicents logisch als „Folgerungen" in der Herleitung des „Theorems" aus den „Axiomen" fungieren und das argumentische Superdicent des „Theorems" konstituieren.

5. Das superdicentische System der Repräsentation des „Beweises" repräsentiert den generativen Kontext des bzw. der dicentischen Interpretanten des „Theorems", und dieses wiederum wird durch den idealen argumentischen Interpretanten mit dem höchsten Repräsentationswert (Rpw = 3) bzw. durch die Zeichenklasse mit

dem höchsten Repräsentationswert Rpw (Zkl: 3.3 2.3 1.3) = 15 repräsentiert.

6. Der dicentische (kontextliche) Interpretant, repräsentiert durch (3.2) in der Zeichenklasse (Zkl: 3.2 2.3 1.3) der „Folgerung", hat mit der Eigenschaft wahr oder falsch, zugleich auch die, „entscheidbar" zu sein.

7. Die argumentische Repräsentation des „Theorems" repräsentiert einen Interpretanten, über den im Prinzip entschieden ist, d.h., der als „wahr" nominiert ist. Genau dadurch unterscheidet sich das System der „Folgerungen" als solches vom „Theorem", das, wie gesagt, in der Zeichenklasse höchster Semiotizität repräsentiert ist und als entschieden wahrer „Lehrsatz" einen *Beleg* (ein „Modell", ein „Verifikat") besitzt bzw. dessen Zeichenklasse

$$Zkl_{Th}: (3.3\ \ 2.3\ \ 1.3)$$

eine *vollständige* Realitätsthematik

$$Rth_{Th}: (3.1\ \ 3.2\ \ .3.3),$$

also einen Interpretanten-Kontext mit *homogener* und *vollständiger* Trichotomie aufweist.

8. Als ein Dualitätssystem aus Zeichenklasse und zugehöriger Realitätsthematik mit höchster Semiotizität ist ein Beweissystem somit ein *generatives Repräsentationssystem* zwischen Definitionen, Axiomen, Folgerungen und Theoremen mit Beleg bzw. Realgehalt folgender schematischer Rekonstruktion:

Def.: Zkl (3.1 2.1 1.3) x Rth (3.1 1.2 1.3): M-them I

Ax: Zkl (3.2 2.2 1.3) x Rth (3.1 2.2 2.3): O-them I

Flg: Zkl (3.2 2.3 1.3) x Rth (3.1 3.2 2.3): I-them O

The: Zkl (3.3 2.3 1.3) x Rth (3.1 3.2 3.3): I-them I.

Man bemerkt, daß der Repräsentationswert vom mittelthematisierten Interpretanten (M-them I) bis zum vollständig thematisierten Interpretanten (I-them I) auf Rpw = 15 ansteigt, d.h. den maximalen Wert gewinnt.
Ich greife nun vorstehende Voraussetzung der repräsentationsschematischen Rekonstruktion eines Beweissystems noch einmal in seinem Zusammenhang auf. Offenbar demonstriert das Repräsentationssystem des Beweissystems eine deutliche Divergenz in den Zeichenklassen bzw. Realitätsthematiken, d.h. also in den Repräsentationswerten bzw. Semiotizitätsgraden der Teilsysteme des Beweissystems. Während man in der logischen bzw. mathematischen Beweisführung schlußtechnisch (mit Einsetzung und Abtrennung) im allgemeinen ohne weiteres vom Axiomensystem (Ax) zum Folgerungssystem (Flg), das das Theorem (The) liefert, übergehen kann und (eine fehlerlose Schlußprozedur vorausgesetzt) man wenigstens anscheinend sich in einem entitätisch, d.h. hier formal homogenen Realitätszusammenhang, bewegt, deckt also der Übergang zu einer Darstellung auf der semiotischen Repräsentationsebene der triadischen Zeichenrelationen sogleich die verdoppelte (duale) Inhomogenität der entitätischen Verhältnisse und, wie ich gleich zeigen werde, die konstruktiven Unstetigkeitsverhältnisse im Folgerungssystem als unzulässige Degenerierung der Semiose im Repräsentationsschema des Beweissystems auf.
Denn wenn der Widerspruch (als „$\overline{p}$“ oder als „0 = 1“, wie er logisch im Rahmen eines Beweises auftritt, semiotisch repräsentiert wird, ergibt sich ein dicentischer Kontext (3.2), der gleichzeitig im Zustand der „Behauptung“ wie im Zustand der „Verneinung“ eingeführt wird. Diese Superisation führt zu einer Degeneration der Semiotizität, d.h., das superierte Dicent, das ei-

nen logischen Widerspruch repräsentiert, repräsentiert diesen als degeneriertes Dicent, das weder der Behauptung noch der Verneinung fähig ist und somit nur noch als rhematischer offener Kontext fungieren kann. Während ein echtes Dicent der Zeichenklasse

3.2 2.3 1.3

genügt, würde das zu einem rhematischen Kontext degenerierte Super-Dicent die in der Semiotizität niedriger organisierte Zeichenklasse

3.1 2.3 1.3

aufweisen.

Im Falle des dicentischen Kontextes haben wir es realitätsthematisch mit einem *interpretantenthematisierten* Objekt

3.1 3.2 2.3,

und im Falle des rhematischen Kontextes haben wir es realitätsthematisch mit einem *interpretantenthematiserten* Mittel

3.1 3.2 1.3

zu tun.

Diese Degenerationserscheinung der Semiotizität verletzt das (in unserer 3. und 8. Voraussetzung) formulierte und geforderte Prinzip der im „Beweis" stetig bis zum argumentischen Maximum anwachsenden Semiotizität.

Wir haben vorstehend das deduktive *Beweissystem* als semiotisches *Repräsentationssystem* rekonstruiert. Insbesondere haben wir die in einem solchen deduktiven Beweissystem auftretenden Widersprüche als se-

miotische Degeneration innerhalb eines relevanten dicentischen Interpretanten erkennen können.
Dieser bloßen semiotischen Repräsentation kann nun auch eine semiotische *Explikation* (natürlich auf der Basis der ihr vorangehenden Repräsentation) entsprechen. Man kann das *Schema* dieser Explikation einer Zeichenklasse, und das heißt natürlich eines Repräsentationsschemas, als superativ und iterativ *erweiterten Interpretanten* der Realitätsthematik bzw. des Realitätsbezugs jener repräsentierenden Zeichenklasse auffassen. Denn wie jede Repräsentation hat auch jede Explikation ihr Repertoire. Hinzufügen muß ich jedoch, daß dieses *expandierte Repertoire,* das auf einem bereits vor-gegebenen Repertoire beruht, schon als vor-geordnetes Repertoire fungiert, dessen Mittel also nicht wie die des vor-gegebenen Repertoires frei-selektierbar, sondern nur gebunden-selektierbar, also selektiv-coordinativ verfügbar sind.
Nach diesem methodologischen Exkurs, der natürlich im Rahmen der weiteren Entwicklung der Theoretischen Semiotik eine genauere Diskussion erforderlich macht, möchte ich mich hier jetzt wieder auf die Gödelschen Theoreme zu den Unentscheidbarkeits- und Unvollständigkeitsproblemen beziehen. Zunächst will ich aber auf eine allgemeine Bemerkung Richard Dedekinds hinweisen. Er hat in seiner berühmten Schrift „Was sind und was sollen die Zahlen?" 1887, eine bemerkenswerte Feststellung über „Zahlen" getroffen, die man in unserem Zusammenhang nicht außer acht lassen, sondern stringenter beachten sollte. Er notierte: „Wenn man bei der Betrachtung eines einfach unendlichen, durch eine Abbildung ϕ geordneten Systems N von der besonderen Beschaffenheit der Elemente gänzlich absieht, lediglich ihre Unterscheidbarkeit festhält und nur die Beziehung auffaßt, in die sie durch die ordnende Abbildung ϕ zueinander gesetzt sind, so heißen diese Elemente

„natürliche Zahlen", und das Grundelement 1 heißt die Grundzahl der Zahlenreihe N. In Rücksicht auf diese Befreiung der Elemente von jedem anderen Inhalt (Abstraktion) kann man die Zahlen mit Recht eine freie Schöpfung des menschlichen Geistes nennen."

Es ist klar, daß hier der Begriff „freie Schöpfung" nicht auf etwas absolut Unbedingtes abhebt, sondern, wie Dedekind ausdrücklich sagt, daß diese „freie Schöpfung" hinsichtlich einer „Abstraktion", also hinsichtlich einer bestimmten, und zwar selektiven Bildungsprozedur gewonnen wird; und so handelt es sich also auch bei dieser selektiv erreichbaren „Schöpfung" um eine ebenso ideeierende wie formalisierende und fundamentale wie kategoriale thetische Einführung eines neuen „Seienden", also um die methodische Zuständigkeit des Leibniz-Peirceschen existenzsetzenden Prinzips, das aus der verdoppelten *selektiven Zuordnung* einer hyperthetischen *Notwendigkeit* (Regel, Gesetzmäßigkeit) auf einem hypothetischen Repertoire der *Möglichkeit* zu einer thetisch determinierten *Wirklichkeit* des formal intendierten neuen „Seienden" gelangt.

Das graphische Schema dieses kreativen Prinzips wäre

.3.
∧ >.2.
.1.

Zweifellos erfaßt dieses Schema auch die Vorstellung Dedekinds, die in der mengentheoretischen Grundlagendiskussion immer wieder einmal eine Rolle spielt und darüber hinaus bis zu den Voraussetzungen der Gödelschen Untersuchungen reicht, worauf ich im einzelnen noch aufmerksam machen werde. Es ist natürlich klar, daß es sich bei obigem Schema nicht nur um das

selektiv-koordinative fundamentalkategoriale Schema der generativen Kreativität (wie sie auch die Chomskysche Generative Grammatiktheorie voraussetzt) handelt, sondern auch um das triadische Primzeichen-Schema des triadischen Repräsentations-Schemas der Zeichenrelation. Die beiden fundierungstheoretischen *Theoreme,* die sich m. E. nun im Rahmen der semiotisch repräsentierten Beweistheorie formulieren lassen, besagen: 1. daß die im deduzierenden Beweissystem auftretenden Teilsysteme (wie Definitionen, Axiome, Regeln, Folgerungen und Theoreme) auf Grund der *semiotischen Divergenz* ihrer fundierenden und kategorialen triadischen Repräsentationsschemata (Zeichenklassen bzw. Realitätsthematiken) auch *metasemiotische Divergenzen* (mindestens) aufweisen können, so daß im Prinzip metasemiotisch weder *Vollständigkeit,* d. h. Vollständigkeit hinsichtlich des Folgerungssystems bzw. des Individuenbereichs, noch *Beweisbarkeit,* d. h. im Sinne vollständiger Bestimmtheit des Begriffs der unmittelbaren Folgerung bzw. der Erreichbarkeit genau des intendierten Theorems im Folgerungssystem des Beweissystems, in jedem Falle erwartet und legitimiert werden können und 2. daß die axiomatisch-deduktiven Schwierigkeiten, die man in der metamathematischen Beweistheorie mit der Führung von Widerspruchsfreiheitsbeweisen als solchen, mit dem Übergang zu transfiniten Zahlbereichen, mit dem Mengenbegriff überhaupt und mit einer gewissen wechselseitigen Ausschließung von Axiomen in der Mengenlehre usw. entdeckte, ebenfalls im Prinzip auf die repräsentationstheoretischen Divergenzen (in den Zeichenklassen und Realitätsthematiken) des semiotischen wie metasemiotischen Beweissystems zurückführbar sind.
In den folgenden Abschnitten will ich nun konkreter auf einige dieser Schwierigkeiten, wie sie von Cantor bis Poincaré, Zermelo, Russell, Richard, Gödel, Gentzen

und P. J. Cohen formuliert wurden, eingehen. Henri Poincaré geht in seinem Vortrag „Über transfinite Zahlen" von 1919 von zwei Theoremen aus, vom Satz Richards, daß die Gesamtheit der *definierbaren* Gegenstände *abzählbar* sei, d. h. N_0 sei, und vom Cantorschen Theorem, daß das Kontinuum nicht *abgezählt* werden könne. Seine Behauptung ist alsdann, daß der Widerspruch, der zwischen diesen beiden Sätzen vermerkt werden könnte, „nur ein scheinbarer sei". Poincarés Rekonstruktion beider Sätze und ihrer Beweise führt ihn zu folgender Feststellung: „Richards Beweis lehrt nun, daß, wo ich auch das Verfahren abbreche, immer ein Gesetz existiert, während Cantor beweist, daß das Verfahren beliebig weit fortgesetzt werden kann. Es besteht also kein Widerspruch zwischen beiden." Die effektive *Scheinbarkeit* eines relevanten, anfallenden Widerspruchs (in dem Sinne, daß über eine in Zeichen thematisierbare intelligible Entität zwei sich offenbar einander ausschließende Theoreme formulieren lassen) ist also der Punkt, auf den Poincaré in seiner Technik der Anti-Widerspruchs-Beweisführung hinaus will. Dabei geht er davon aus, daß ein „Gegenstand" nur dann „denkbar" sei, „wenn er sich mit einer endlichen Anzahl von Worten definieren" lasse, und daß ein „Gesetz", also ein Theorem, nur dann „aussagbar" ist, „wenn es in einer endlichen Anzahl von Worten ausgesagt werden kann". Man bemerkt, daß hier ein Kriterium für Repräsentation (in „Zeichen") eingeführt wird. Diese Repräsentation betrifft hier einmal einen „Gegenstand" (die transfinite Kardinalzahl) und das andere Mal eine „Aussage", ein Theorem über diesen „Gegenstand" („Abzählbarkeit" der Gesamtheit der definierbaren „Gegenstände" bzw. „Nichtabzählbarkeit" des „Kontinuums").

Unter diesen Voraussetzungen wird nun die widersprüchliche Formulierung zwischen der Richardschen und Cantorschen These auf der semiotischen Ebene der

reinen Repräsentationsschemata sofort zu einer Divergenz der triadischen Zeichenrelationen.
Die endliche Kardinalzahl der abzählbaren Gesamtheit der definierbaren Gegenstände kann, wie man leicht feststellt, durch die dicentische Zeichenklasse bzw. Realitätsthematik

$$\text{Zkl}(N_0)\text{: } 3.2\ \ 2.2\ \ 1.3 \times \text{Rth}(N_0)\text{: } 3.1\ \ 2.2\ \ 2.3$$

repräsentiert werden, d. h., wir haben es mit der Realitätsthematik eines *objekt*-thematisierten *Interpretanten* zu tun, was der Intention eines Kontextes entspricht, in dem im Prinzip über jede Zahl der im übrigen *offenen* (3.1) Zahlenreihe entschieden (3.2) werden kann, deren Zahlen(-Objekte) in der Reihenfolge natürlich im einzelnen indexikalisch (2.2), aber für den Interpretanten symbolisch (2.3) bezeichnet werden müssen.
Die transfinite Kardinalzahl des Cantorschen Kontinuums hingegen genügt, entsprechend dessen begrifflicher Nominalität (1.3), Nichtabzählbarkeit (2.3) und inhärenter Vollständigkeit (3.3), dem argumentischen Repräsentationsschema der Zeichenklasse bzw. Realitätsthematik

$$\text{Zkl}(C)\text{: } 3.3\ \ 2.3\ \ 1.3 \times \text{Rth}(C)\text{: } 3.1\ \ 3.2\ \ 3.3,$$

d. h., wir haben es mit der homogenen und vollständigen Realitätsthematik des *Interpretanten* zu tun.
Damit zeigt sich aber auf der semiotischen Ebene der Repräsentation zwischen der Richardschen und der Cantorschen These kein (logischer) Widerspruch, nur eine (semiotische) Divergenz in der thematisierten Realitätsbehauptung, deren eine (Rth(N_0) objektthematisch, deren andere (Rth(C) jedoch vollständig interpretantenthematisch bestimmt ist.
Poincaré faßt übrigens am Schluß seines Vortrags die

Schwierigkeiten mit der transfiniten Wohlordnung (Cantors) und dem Auswahlaxiom (Zermelos) in jeweils knappen dicentischen Formulierungen, die das Kontinuumproblem im allgemeinen betreffen und die zweifellos den Übergang von den logischen Folgerungsschemata zu den triadischen Repräsentationsschemata nahelegen. Er bemerkt zur Frage der transfiniten Wohlordnung: „Es sind hier zwei Fälle möglich: Entweder behauptet man, daß das Gesetz der Wohlordnung endlich aussagbar ist, dann ist diese Behauptung nicht bewiesen... Oder aber wir lassen auch die Möglichkeit zu, daß das Gesetz nicht endlich aussagbar ist. Dann kann ich mit dieser Aussage keinen Sinn mehr verbinden...“; und das Auswahlaxiom betreffend fährt er fort: „Die einen verwerfen das Auswahlpostulat, halten aber den Beweis für richtig, die anderen nehmen das Auswahlpostulat an, erkennen aber den Beweis nicht an.“
Hält man fest, daß das Verhältnis zwischen einem (axiomatisch-direktiven) Theorem und seinem (formalen) Beweis auf der semiotischen Ebene als das Verhältnis zwischen Realitätsthematik und ihrer Zeichenklasse angesehen werden kann, dann besagt das im Rahmen der wechselseitigen, alternativen Verneinung Poincarés, daß die Verwerfung des Auswahlpostulates bei Anerkennung seines (formalen) Beweises zwar dessen (zeichenthematische) Repräsentation in der regulären argumentischen Zeichenklasse, d. h. als „mathematical hypothesis“ eines „ideal state of things“, wie Peirce sich ausdrücken würde, bestätigen könnte, aber aus der dualen, vollständigen (also auch das Transfinite einschließenden) Realitätsthematik (3.1 3.2 3.3) der argumentischen Zeichenklasse des beweisenden Interpretanten (3.3 2.3 1.3) keinesfalls ein finit operabler, rekonstruktiv praktizierbarer (realitätsthematischer) Realitätsbezug (3.1 3.2 2.3), d. h. ein interpretantenthematisiertes Objekt, zu gewinnen wäre. Denn diese Realitätsthe-

matik, die auf den finiten, konstruktiven „Status der Dinge" (wie ihn das Auswahlpostulat faktisch voraussetzt) reflektiert, wäre nicht aus der argumentischen Zeichenklasse, sondern nur aus einer dicentischen (nämlich aus 3.2 2.3 1.3) dual zu gewinnen, d. h. nicht als intelligible, vollständige Realitätsthematik des Interpretanten (3.1 3.2 3.3), sondern nur als Realitätsthematik eines interpretanten-thematisierten Objekts (3.1 3.2 2.3) mit dem Repräsentationswert Rpw = 14.

3.

In dem nun folgenden Teil meiner semiotischen Analyse bzw. semiotischen Repräsentation der heute üblicherweise vor allem für mathematische und logische Theorienbildung verwendeten Axiomatikkonzeption entwerfe ich eine semiotische *Pro-Axiomatik,* die geeignet ist, auf die klassischen bzw. üblichen Axiomatiken bezogen werden zu können und unsere semiotische Analyse zu legitimieren. Pro-Axiomatik besagt hier also, daß die *theoretische Semiotik* in einer Anordnung von Aussagen hypothetisch-thetisch rekonstruiert wird, die in etwa der (euklidischen) Folge von *Definitionen, Postulaten,* hypothetischen *Axiomen* und direktiven *Theoremen* entspricht. Rekonstruiert wird zum Zwecke der semiotischen Repräsentation metasemiotisch üblicher Axiomensysteme und ihrer bekannten formalen Schwierigkeiten. Natürlich ist dieses proaxiomatisch eingeführte System von Definitionen, Postulaten, Axiomen, Direktiven und Theoremen ein *theoretisches* System und damit *hypothetisch.* Doch obwohl sich dieses System (thetisch) auf die Repräsentation aller thematisierbaren Realitätsverhältnisse und damit auch auf *Empirie* bezieht, ist seine Verifizierbarkeit oder Falsifizierbarkeit nicht auf zeichenexterne empirische Daten festgelegt, sondern nur auf die systeminterne, metho-

disch kontrollierbare *Rekonstruktivität* aller disponiblen extensiven Repräsentationsschemata und ihrer pragmatischen *Applikationsdirektiven.*
Das pro-axiomatische (semiotische) System sei hier also in besagter Anordnung und Form wiedergegeben:

Definitionen

1. Ein „Zeichen" ist das (mediale) Schema der Repräsentation eines „Etwas".
2. Als Schema der Repräsentation eines „Etwas" ist das „Zeichen" thematisch von diesem „Etwas" verschieden.
3. Als Schema der Repräsentation ist das Zeichen stets eine dreistellige, geordnete Relation Z: $R(x_1\ x_2\ x_3)$, triadische Zeichenrelation $ZR_3\ (x_1\ x_2\ x_3)$ genannt.
4. Die triadische Zeichenrelation ist nach anwachsender Relationalität bzw. nach anwachsendem Relationsgrad der drei Korrelate, kurz nach anwachsender *Semiotizität* geordnet.
5. Die drei Korrelate der triadischen, geordneten Zeichenrelation werden als Glieder der operablen Folge
   (M): repertoirielles „Mittel" der Zeichenbildung,
   (O): selektiv zuordnender „Objektbezug" (Bezeichnung),
   (I): selektiv zugeordneter, repertoiregebundener Konnex des „Interpretanten" (Bedeutung) der semiotischen Repräsentation thetisch-selektiv-koordinativ („⊢", „>", „↦")
   eingeführt und relational verwendet.
6. Sofern die triadische Zeichenrelation durch ihre drei Glieder die wachsende Relationalität als *Maß* der Repräsentation definiert, definiert das dreigliedrig geordnete Schema auch den endlich begrenzten Maßstab der Semiotizität überhaupt (Peircesches Maß).

7. Das jedem Korrelat des triadisch-relationalen Zeichenschemas, also (M) sowohl wie (O) und (I) koordinierbare dreistellige (trichotomische) *Feinschema* aus Partial- oder Stellenkorrelaten der Form M (M_1,M_2,M_3), O (O_1,O_2,O_3), I (. . .)" bestimmt diese Partialzeichen als *Zeicheneinheiten* oder semiotische Stellenwerte des jeweiligen triadischen Korrelats auf dem repräsentationstheoretischen Maßstab.
8. Unter den *Subzeichen* einer triadischen Zeichenrelation versteht man die Partialzeichen eines trichotomischen Korrelats der triadischen Zeichenrelation bzw. die Zeicheneinheiten des Peirceschen Maßes der Semiotizität im Repräsentationsschema einer triadischen Zeichenrelation.
9. Unter der Trichotomie des *repertoiriellen* (M) verstehen wir dessen drei mögliche Zustände bzw. *Subzeichen* als die dreistellig geordneten *Stellenwerte* des Korrelats (M) der triadischen Zeichenrelation:
   (M_1) als Subzeichen des qualitativ-materialen Charakters von (M), genannt „Qualizeichen" (Qua);
   (M_2) als Subzeichen des singulären Charakters von (M_1) aus (M), genannt „Sinzeichen" (Sin);
   (M_3) als Subzeichen konventionellen, legitimen Charakters aus (M), genannt „Legizeichen" (Leg).
10. Unter der Trichotomie des *bezeichnenden Objektbezugs* (O) verstehen wir dessen dreistellig geordnete *Stellenwerte:*
   (O_1) als objekt-abbildendes Subzeichen, genannt „Icon" (Ic) des (zeichenexternen) Objekts.
   (O_2) als objekt-anzeigendes Subzeichen, genannt „Index" (In) des (zeichenexternen) Objekts;
   (O_3) als objekt-nominierendes Subzeichen, genannt „Symbol" (Sy) des (zeichenexternen) Objekts.
11. Unter der Trichotomie des *bedeutenden Interpre-*

tanten (I) verstehen wir dessen dreistellig geordneten Stellenwert:

(I_1) als offen-superiertes Subzeichen des (beschreibenden, begründenden oder übertragenden) Konnexes oder Kontextes der (logisch weder als „wahr" noch als „falsch" zu bewertenden) Explikation, genannt „Rhema" (Rhe), des Objektbezugs (O) des (zeichenexternen) Objekts;

(I_2) als geschlossen-superiertes Subzeichen des (behauptend) formulierten Konnexes oder Kontextes der (logisch als „wahr" oder „falsch" bewerteten) Explikation, genannt „Dicent" (Dic) des Objektbezugs (O) des (zeichenexternen) Objekts;

(I_3) als vollständig-superiertes (d. h. über allen relevanten Rhemata und Dicents superierten) Subzeichen des (regulativ zusammenhängenden) Konnexes oder Kontextes der (logisch immer „wahr" bewerteten) Explikation, genannt „Argument", des vollständigen „Objektbezugs" (O_1, ,O_2, O_3).

Postulate

1′. Jedes beliebige Etwas kann zum „Zeichen" eines anderen Etwas erklärt werden.

2′. Jedes „Zeichen" kann zum Zeichen eines anderen Zeichens erklärt werden.

3′. Jedes erklärte „Zeichen" ist nur dann ein solches, wenn es einer „Repräsentation" dient, und jede Repräsentation beruht auf „thetisch eingeführten", erklärten Zeichen.

4′. Ein „Zeichen" gilt dann und nur dann als „thetisch eingeführt", wenn die Korrelate seiner triadischen Relation (x_1, x_2, x_3) thetisch eingeführt bzw. realisiert sind.

5′. Die Korrelate der triadischen Zeichenrelation gelten als eingeführt, wenn

(M) als selektives Repertoire,
(O) durch ein Subzeichen seiner Trichotomie und
(I) als ein rekonstruierbarer Konnex über (M) für
(O) selektiv-coordinativ eingeführt sind.

6′. Die drei zeicheninternen Prozeduren, genannt *Semiosen,* wie
thetische Einführung (⊢),
repertoirielle Selektion (>) und
determinative Koordination (↦)
bestimmen die pragmatische Funktion bzw. einfach die Pragmatik des „Zeichens" (im Sinne seiner triadischen Relation).

7′. Die (iterative und interpretierende) Reflexion des Subzeichens bzw. vollständigen Zeichens bestimmt die Autoreproduktion des Zeichens im Sinne einer *Autosemiose* (⇄).

8′. Die autoreproduzierten Zeichen existieren und sind thetisch einführbar, wenn zu jedem (M), (O) und (I) jeweils eine abzählbare Menge von (M′), (M′′)...etc., (O′), (O′′)...etc. und (I′), (I′′)...etc. (sowohl in der Triade wie in der Trichotomie) sinnvoll und angebbar existiert.

9′. Es wird verlangt, daß das „Mittel" (M) auf jeden Fall den Charakter eines selektierbaren Repertoires besitzt und in allen drei Zuständen (M_1, M_2, M_3) erweiterungsfähig ist und von *einfachen* zu *komplexen* Elementen (z. B. im Repertoire sprachlicher Elemente von Lauten zu Silben oder Wörtern) übergegangen werden kann, was im Übergang vom Qualizeichen zum Sinzeichen bzw. Legizeichen der (generierenden) Semiose entspricht.

10′. Entsprechend setzt die Semiose innerhalb des „Objektbezugs" (O) die abstraktiv-autoreproduktive Fortsetzbarkeit der einzelnen trichotomischen Objektbezüge (O_1), (O_2), (O_3) voraus, derart, daß zu jedem (Ic) ein (Ic′), ein (Ic′′) usw...., zu jedem (In) ein (In′), ein (In′′) usw.... und zu jedem (Sy) ein (Sy′), ein (Sy′′) usw.... gehören (angebbar sein) muß.

11′. Für die thetisch-selektiv-coordinative Semiose des „Interpretanten“ (I) muß neben der repertoriellen Expansionsfähigkeit die autoreproduktive Iterationsfähigkeit der einzelnen Interpretanten (I_1), (I_2) und (im Falle der Notwendigkeit einer dicentischen Erweiterung des Arguments bzw. der Einführung von erweiternden oder einschränkenden Hilfssätzen in einen Beweis) (I_3) postuliert werden können.

12′. Sofern die Anordnung der drei Korrelate (M, O, I) der triadischen Zeichenrelation der ordinalen Konzeption der drei ersten Zahlen der Natürlichen Zahlenreihe (1, 2, 3...) entspricht und diese in der Zeichenrelation den Status des „Ersten“ („Firstness“), den Status des „Zweiten“ („Secondness“) und den Status des „Dritten“ („Thirdness“) bezeichnen, fungieren diese numerisch-semiotischen Doppel-Entitäten als *Primzeichen* (.1., .2., .3.), und ihre Relation ist die *Primzeichenrelation.*

13′. Die Einführung der *numerischen* Schreibweise in die Theoretische Semiotik bedeutet die Darstellung der *Zeichen* durch *Primzeichen* (.1.,.2.,.3.) bzw. durch die Primzeichenrelation (.1.↗.2.↗.3.), d. h. durch die Einführung der Natürlichen Zahl als Relationalzahl, die gleichermaßen kardinale Mengenzahl, abzählbare Ordnungszahl und graduierende Relationszahl ist.

Pro-Axiome

A1. Die jeweils definierenden Bestimmungsmerkmale der einzelnen Korrelate der triadischen Zeichenrelation definieren auch die jeweils ordinal entsprechenden Stellenwerte der den Korrelaten jeweils zugeordneten trichotomischen Subzeichenfolge.

A2. Die Trichotomien der Subzeichen der Korrelate der triadischen Zeichenrelation ergeben sich als „geordnete Paare“ des Kartesischen Produktes der Korrelate in sich bzw. als Glieder der Matrix dieser Produktenmenge.

A3. Aus den neun Subzeichen der (sogenannten kleinen) Semiotischen Matrix lassen sich durch geordnete Selektion von jeweils drei (nicht identischen) Subzeichen, deren *Regularität* durch das *degenerative* Anordnungsschema (3.↘2.↘1.) in den triadischen Korrelaten einerseits und durch ein *homogenes* oder *generatives* Anordnungsschema (.1↗ .2↗ .3) in den Stellenwerten der Subzeichen andererseits gegeben ist, *zehn Zeichenklassen* (der triadischen Zeichenrelation) als realitätsbezogene *Repräsentationsschemata* bilden:

3.	2.	1.
.1	.1	.1
.1	.1	.2
.1	.1	.3
.1	.2	.2
.1	.2	.3
.1	.3	.3
.2	.2	.2
.2	.2	.3
.2	.3	.3
.3	.3	.3

A4. Aus dem (realitätsbezogenen) Repräsentationsschema der einzelnen Zeichenklassen läßt sich ihr faktischer Realitätsbezug bzw. die *Realitätsthematik* durch *Dualisation* (x) als ihre *inverse* (bzw. *duale)* Form gewinnen.

Den zehn Zeichenklassen entsprechen damit zehn (duale) Realitätsthematiken, wobei die drei Hauptzeichenklassen

Zkl: 3.1 2.1 1.1
3.2 2.2 1.2
3.3 2.3 1.3

zu den drei homogenen oder trichotomisch vollständigen Realitätsthematiken von (M), (O) und (I) führen

Rth: 1.1 1.2 1.3: (M)
2.1 2.2 2.3: (O)
3.1 3.2 3.3: (I)

während die übrigen sieben Nebenzeichenklassen zu sieben inhomogenen, trichotomisch gemischten Realitätsthematiken führen

Rth: 2.1 1.2 1.3: M-thematisiertes O
3.1 1.2 1.3: M-thematisiertes I
2.1 2.2 1.3: O-thematisiertes M
3.1 2.2 1.3: Zeichenklassenidentische Realitätsthematik
3.1 3.2 1.3: I-thematisiertes M
3.1 2.2 2.3: O-thematisiertes I
3.1 3.2 2.3: I-thematisiertes O.

A5. Die semiotischen Realitätsthematiken sind homogen und vollständig, wenn sie eine vollständige Trichotomie bilden, in allen anderen Fällen handelt es sich um *zusammengesetzte* oder *gemischte*, inhomogene Realitätsthematiken des *kompositionellen* Realitätsbegriffs der Theoretischen Semiotik.

A6. Jede Repräsentation einer Entität bzw. eines Sachverhalts in einer Zeichenklasse führt in der dualen Realitätsthematik auf das ontisch-erkenntnistheoretische Schema der kategorial-relationalen *Fundierung* des Repräsentierten im Sinne seiner *repertoiriell-materialen* und *theoretisch-empirischen Präsentation* („Firstness", „Secondness", „Thirdness") (Fundierungsaxiom).

Natürlich liegt im vorstehend entwickelten System semiotischer Pro-Axiome kein vollständiges pro-axiomatisches oder axiomatisches System der Theoretischen Semiotik vor. Es handelt sich um eine Teil-Axiomatik einer semiotischen Pro-Axiomatik, die wesentlich auf die durch die thetisch eingeführte triadisch-trichotomische Zeichenrelation bestimmten Repräsentations- und Fundierungsschemata eingeschränkt ist.

Auch bleibt immer zu beachten, daß die semiotischen Prozeduren und Rekonstruktionen primär stets relationale Schemata intensionaler und phänomenaler Provenienz betreffen, aber keine logisch-deduktiven Ableitungen bzw. Formeln sind, wie sie in nicht graduierenden extensionalen Formalismen auftreten. Selbstverständlich können derartige Ableitungen axiomatisch-deduktiver, logisch-semantischer Intention auch auf den abstrakten, nominalen und theoretischen Entitäten der Semiotik erfolgen, doch wäre dazu eine metasemiotische Umformulierung der betreffenden semiotischen Formulierung nötig. Denn nicht deduktive, sondern generative, d. h. also graduelle bzw. graduierende Übergänge und Transformationen innerhalb des kategorialen Gefüges der niederen oder höheren relationalen Zustände semiotischer Repräsentation.

4.

Was nun zunächst die Frage der *Unabhängigkeit* eines gewissen Satzes oder eines (mutmaßlichen) Axioms von einem bestimmten Axiomensystem (AS) angeht, so ist wohl zwischen schwacher, starker und strikter Unabhängigkeit zu unterscheiden. Wenn Hilbert (Ackermann) in den „Grundzügen der „Theoretischen Logik" davon spricht, ob man nicht „das eine oder das andere dieser Axiome" (der Aussagen- bzw. Prädikatenlogik) „entbehren" könne, so bezeichnet diese „Entbehrlichkeit" offenbar nur eine schwache Unabhängigkeit. Auf eine stärkere Unabhängigkeit zielt die Definition von Hermes in seiner „Einführung in die mathematische Logik" ab, danach „eine Aussage unabhängig von einem Axiomensystem" ist, „wenn sie nicht aus dem Axiomensystem gefolgert werden kann".
In der tieferliegenden, fundierenden semiotischen Repräsentation der axiomatisch formulierbaren Unabhängigkeit reflektieren wir von vornherein auf das, was wir hier schon als strikte Unabhängigkeit bezeichnen. Außerdem bringen wir damit bereits unsere Auffassung ein, daß „Unabhängigkeit" primär ein semiotischer Sachverhalt ist und erst sekundär zu einem logischen und mathematischen determinierbar ist. Wir definieren also:
Zwei realisierte semiotische Repräsentationen (formuliert in triadischen Zeichenklassen mit ihren Realitätsthematiken) sind strikt voneinander unabhängig, wenn sie in keinem Subzeichen übereinstimmen.
Das entsprechende proaxiomatische semiotische Repräsentationstheorem, das also die Semiosen der „Unabhängigkeit" in den Axiomen bzw. Axiomensystemen determiniert und legitimiert, läßt sich alsdann wie folgt formulieren:
Ein (gewisses) bestimmtes Axiom ist von einem (gewis-

sen) bestimmten Axiomensystem strikt unabhängig, wenn die Zeichenklasse (bzw. die Realitätsthematik) dieses Axioms (semiotisch) unabhängig ist von der Zeichenklasse (bzw. der Realitätsthematik) des Axiomensystems.
Zur semiotischen und pro-axiomatischen Legitimierung der von Gödel und P. J. Cohen gezeigten Unabhängigkeit des Auswahlaxioms und der Kontinuumshypothese relativ zum Axiomensystem der Mengenlehre, gehe ich von einer üblichen Formulierung dieses Resultats aus. Wenn AS_M das Axiomensystem der Mengenlehre und AW das Auswahlaxiom und AC die Kontinuumshypothese bezeichnen, dann zeigte Gödel:
Wenn AS_M widerspruchsfrei ist, dann ist auch AS_Mv(AW, AC) widerspruchsfrei,
und Cohen:
Wenn AS_M widerspruchsfrei ist, dann ist auch AS_Mv(-AW, -AC) widerspruchsfrei (Math. Lex., Ed. Fischer, 1). Aus dieser verdoppelten Widerspruchsfreiheit wird die strikte Unabhängigkeit von (AW, AC) von AS_M gefolgert. Zur semiotischen Repräsentation dieser Unabhängigkeit werden wir jetzt die entsprechenden Zeichenklassen bzw. Realtitätsthematiken aufstellen:

	Zkl(AS_M):	3.2	2.3	1.3	
mit	Rth(AS_M):	3.1	3.2	2.3	des finalen Interpretanten; (I-them. Objektbezug)
	Zkl(AW): (-AW)	3.1	2.1	1.2	
mit	Rth(AW): (-AW):	2.1	1.2	1.3	des unmittelbaren Objekts; (M-them. Objektbezugs)

Zkl(AC): 3.1 2.2 1.2
(-AC)
mit Rth(AC): 2.1 2.2 1.3 des dynamischen
(-AC): Objekts (O-them. Mittels)

(Für die Aufstellung sowohl der rhematischen wie der dicentischen Zeichenklasse ist die Negation ohne Bedeutung, sofern ein rhematischer Kontext weder wahr noch falsch und ein dicentischer Kontext wahr oder falsch ist).

Der Überblick über die Zeichenklassen zeigt unmittelbar, daß die Zeichenklasse des Axiomensystems der Mengenlehre (AS_M) kein Subzeichen mit den Zeichenklassen des Auswahlaxioms (AW) und der Kontinuumshypothese gemeinsam hat, woraus auch die semiotischen Unabhängigkeiten folgen. D. h., die diskutierten axiomatischen Unabhängigkeiten sind bereits semiotisch (kategorial) determiniert bzw. fundiert.

Die pro-axiomatischen Verhältnisse der „Vollständigkeitsforderung" der Axiomatik sind wesentlich weniger verwickelt. Doch scheint mir notwendig, zwischen zwei Vorstellungen von Vollständigkeit zu unterscheiden. In Hilberts „Grundlagen der Geometrie" findet sich bekanntlich ein folgendermaßen formuliertes „Vollständigkeitsaxiom": „Die Elemente (Punkte, Geraden, Ebenen) der Geometrie bilden ein System von Dingen, welches bei Aufrechterhaltung sämtlicher genannten Axiome keiner Erweiterung mehr fähig ist, d. h., zu dem System der Punkte, Geraden, Ebenen ist es nicht möglich, ein anderes System von Dingen hinzuzufügen, so daß zu dem durch Zusammensetzung entstehenden System sämtliche aufgeführten Axiome" (der Verknüpfung, der Anordnung, der Kongruenz, der Parallelen, der Stetigkeit) „erfüllt sind". Offensichtlich beschreibt dieses Axiom eine vollständige Realitätsthematik, d. h. die eines semiotischen Objektbezugs, sofern man die Ebe-

nen mit Peirce als Icone (2.1), die Geraden als Indices (2.2) und die Punkte als Symbole (d. h. durch Symbole bezeichnet) versteht.
Das Hilbertsche „System der Dinge" des „Vollständigkeitsaxioms" wird semiotisch also durch

$$\mathrm{Rth}(AS_G)\text{: } 2.1\ 2.2\ 2.3$$

repräsentiert. Daraus ergibt sich als Zeichenklasse des Vollständigkeitsaxioms:
$\mathrm{Zkl}(AS_G)$: 3.2 2.2 1.2, d. h. die Zeichenklasse der vollständigen Realitätsthematik des vollständigen Objektbezugs.
Ein anderer Typus der „Vollständigkeit" liegt mit der Formulierung, ein Axiomensystem ist vollständig, wenn es alle Folgerungen enthält, vor. Semiotisch wird diese Definition durch die Semiose

$$(3.2\ 2.2\ 1.2) \nearrow (3.3\ 2.3\ 1.3)$$

also durch den Übergang von der dicentischen zur argumentischen Zeichenklasse bestimmt. Damit ist natürlich auch die bekannte intuitionistische Konzeption, daß ein „Satz" erst mit seinem „Beweis" zu einem „vollständigen Satz" wird, semiotisch legitimiert. (Vergl. H. Freudenthal, Zur intuitionistischen Deutung logischer Formeln, Math. Zeitschr. 1935; u. Ch. S. Peirce, Letters to Lady Welby, ed. I. C. Lieb, 1952).
Was abschließend die semiotische Repräsentation der wohl wichtigsten Forderung an ein Axiomensystem, die der „Widerspruchsfreiheit", anbetrifft, so werde ich mich hier mit dem Prinzip dessen pro-axiomatischer Analyse begnügen.
Ich bemerke zunächst, was ich vorstehend ja schon andeutete, daß eine „Negation" im Sinne der Logik primär für die Semiotik nicht relevant ist. Aber auch die (schon früher von mir eingeführte) komplementäre Kontrastierung (Komplement einer Menge) als Bildung von Co-Zei-

chen (Co-Icon, Co-Index oder Co-Symbol) im Objektbezug einer triadischen Zeichenrelation (Zeichenklasse, Realitätsthematik) reicht offensichtlich nicht zur Repräsentation des Widerspruchs auf der semiotischen Ebene aus. Beachtet man jedoch, daß der „Widerspruch" weder in der Logik noch in der Semiotik etwas an und für sich im System Prä-existierendes ist, sondern etwas operationell Herstellbares, ist es naheliegend, mindestens in der Semiotik betont vom Prozeßcharakter des „Widerspruchs" auszugehen, ihn gänzlich an die „Semiosen" zu binden und nicht als etwas „Seiendes", sondern etwas „Produziertes" zu definieren.
Wir hoben nun schon in den Voraussetzungen die ansteigende Semiotizität jeder Semiose hervor und folgerten, daß die semiosische Selektion von der niederen zur höheren Semiotizität führt, d. h. von der kategorialen „Erstheit" zur kategorialen „Zweitheit" und nicht umgekehrt verläuft. Gibt es in einem Objektbezug die selektive Semiose 2.1→2.2, so kann sie nicht gleichzeitig durch 2.2→2.1 repräsentiert werden, weil die Retrosemiose nicht zum gleichen identifizierbaren Icon, sondern zu einer Menge von Iconen zurückführt und damit die semiosisch-retrosemiosische Repräsentation der Repräsentation des Widerspruchs entsprechen würde. Ähnlich kann der aussagenlogische Widerspruch (p.—p) durch die selektive Retrosemiose Dic→ Rhe bzw. 3.2→ 3.1 repräsentiert werden. Denn wie aus einem indexikalisierenden, bestimmten „Rot" nie „Rot" als das Icon einer „Farbe" selektiv semiosisch rekonstruiert werden kann, sondern nur das „Icon" aller beliebigen „Rots", so läßt sich zwar aus einer rhematischen Aussage, wie sie durch —p als unbestimmte, offene und nichtelementare bezeichnet wird und die letztlich also eine Menge von Aussagen relativ zur Aussage p repräsentiert, zwar eine dicentische, bestimmte, abgeschlossene „wahre" oder „falsche" Behauptung semiosisch selektieren,

aber die umgekehrte retrosemiosische Selektion führt vom bestimmten abgeschlossenen Dicent nur zu einer unbestimmten, offenen Menge von Rhemata, was auf der logischen Ebene offensichtlich der Tatsache entspricht, daß aus einem Widerspruch (p.—p), der ja (—p) einschließt jeder beliebige (relevante) Satz gefolgert werden kann. In diesem hier erörterten Sinne bedeutet Widerspruchsfreiheit auf der fundierenden Ebene semiotischer Repräsentation demnach nichts anderes als die Unzulässigkeit retrosemiosischer Verläufe in den Semiosen.
Ich schließe damit die Entwicklung pro-axiomatischer Betrachtungen ab. Sie sollen eine spezialisierte semiotische Applikation ermöglichen, die unter Umständen für die mathematischen und semantischen Grundlagenprobleme, wie sie etwa von Gödel, Tarski und Cohen aufgedeckt wurden, und evtl. auch für die linguistische Theorienbildung nützlich werden kann.

5.

Lakatos' Ausführungen in „Beweise und Widerlegungen“ („Proofs and Refutations“ 1976, dtsch. Ed. 1979) bestechen vielleicht durch die wissenschaftsgeschichtlichen Zitierungen aus dem Bereich der nacheulerschen Mathematik und die wissenschaftskritische Schärfe ihrer Formulierungen, aber keineswegs durch die Folgerungen, die aus der speziellen Methodenkritik am neuzeitlichen mathematischen Formalismus gezogen werden. Denn diese Folgerungen sind zweifellos zu summarisch formuliert.
Was diese Methodenkritik nun als solche betrifft und insbesondere ihre Auseinandersetzung mit axiomatisch-deduktiven Beweismethoden, also mit der Hilbertschen und Nachhilbertschen Metamathematik, so war

sie zweifellos wissenschaftshistorisch wie wissenschaftstheoretisch zu erwarten. Denn die Metamathematik, die von Anfang an, mindestens bei Hilbert, sowohl als axiomatisch-deduktive Beweistheorie wie auch als Grundlagentheorie gedacht war, hat es zwar, sofern man die Mechanismen des Verfahrens beherrschen gelernt hatte, relativ erleichtert, widerspruchsfreie Umformungsketten herzustellen und reich zu instrumentieren, zugleich aber auch erschwert, neue spirituelle Sachverhalte oder Entitäten deutlich zu konstituieren. Notation kann im Prinzip keine Invention ersetzen. Sicherlich hat die neuere Geschichte der Mathematik an Invention verloren, was sie an Notation gewann, und an Formalismus gewonnen, was sie an Ideen übersah.

Das Lakatossche Thema „Beweise und Widerlegungen" sollte besser durch „Beweise und Gegenbeispiele" gekennzeichnet werden. Denn gewiß kann ein bewiesener Satz durch ein Gegenbeispiel sich im Umfang seiner Bedeutung als wesentlich eingeschränkter erweisen als angenommen wurde und ohne daß der Beweis dann als falsch betrachtet werden müßte. Des weiteren ist in diesem Falle auch der ursprüngliche Satz nicht widerlegt, wenn gezeigt wird, daß der ursprüngliche Beweis das Gegenbeispiel nicht miterfaßt und sich in seinem Axiomensystem somit als *unvollständig* erweist. Diese Art von Schwierigkeiten können immer wieder einmal auftreten, und ein „Gegenbeispiel" ist nicht immer die „Widerlegung" eines Satzes und in jedem Falle etwas anderes als ein „Widerspruch". Denn ein Gegenbeispiel p′ zu einem Satz p ist zunächst nichts anderes als ein *anderer Satz*.

Aber um das genauer zu diskutieren, ist es notwendig, „Satz", „Gegenbeispiel", „Beweis", „Widerlegung" und „Widerspruch" auf einer einheitlichen und hinsichtlich dieser Entitäten doch deutlich differenzierenden Ebene zu beschreiben. Denn die metamathematischen

Abstraktionen vorstehender Begriffe des Formalismus fungieren nur scheinbar auf einer einheitlichen und dennoch differenzierenden Ausdrucksebene, weil man diese faktischen *Abstrakta* zwar als solche (auf der linguistischen Ebene) erzeugte, aber dann auf der (formalistischen) Ebene der Logik und Mathematik als pure *Leerformen* fungieren ließ; aber das ist (erkenntnistheoretisch, wissenschaftstheoretisch, linguistisch und semiotisch) *unmethodisch*, weil — schon Leibniz monierte das — Abstrakta stets einen Bezug haben, aber Leerformen keinen anderen als den der Reflexion auf sich selbst.

Ich beginne also die semiotische Analyse mit der Feststellung, daß der Formalismus im Unterschied zum Semiotismus keine relational determinierte und differenzierte fundamental-kategoriale Repräsentationsebene besitzt und damit seine Bezüge weder informationell noch kommunikativ und realitätsthematisch bestimmen kann. Wenn von Formalismus die Rede ist, dann handelt es sich hier stets um den mathematisch-logischen Formalismus, und unter Semiotismus wird hier das theoretische System der fundamental-kategorialen triadischen Zeichenrelationen verstanden.

Die drei Zeichenklassen des logischen Systems (und ihre drei Realitätsthematiken) entsprechen denen des Formalismus:

Zkl:	3.1	2.3	1.3:	formaler Ausdruck
	3.2	2.3	1.3:	formaler Satz
	3.3	2.3	1.3:	formaler Beweis
Rth:	3.1	3.2	1.3:	I-thematisiertes M
	3.1	3.2	2.3:	I-thematisiertes O
	3.1	3.2	3.3:	I-thematisierter I bzw. vollständig thematisierter Interpretant.

Zur Darstellung des logischen Systems des Formalismus sind somit drei Zeichenklassen (mit ihren drei Realitätsthematiken) nötig. Die entscheidende höchste Repräsentationskategorie ist die der „Drittheit" (.3.). Das besagt, daß die auf der Ebene des Formalismus selbst nicht darstellbaren Realitätsbezüge sich in der semiotischen Repräsentation als die vollständigen Bezüge auf den vollständigen, d. h. höchsten Interpretanten

3.3 2.3 1.3 x 3.1 3.2 3.3

ergeben, der im mathematischen Bereich als „Beweis" deklariert wird. Als I-thematisierter Interpretant (d. h. ohne Abhängigkeit von M und O, was offensichtlich ja auch der Hilbertschen axiomatischen Konzeption der Metamathematik entspricht) wird damit die vollständige, reine, formale Realität des *Interpretanten* fast wie ein (sich selbst reflektierendes und legitimierendes) platonisches Ideal konstituiert.

Das praktische Ideal des „Beweises" hingegen als eines formal vollständigen *argumentischen Interpretanten* (3.3 2.3 1.3) *muß* jedoch auf Grund des Gödelschen Satzes, daß der *Widerspruchsfreiheits-Beweis* des (als widerspruchsfrei vorausgesetzten) formalen Systems der Zahlentheorie mit den formalen Mitteln dieses Systems selbst nicht erbracht werden kann, bemerkenswert hinter dem platonischen zurückbleiben.

Auf der semiotischen Ebene der Repräsentation, um nun wieder auf sie zurückzugehen, handelt es sich bei dieser von Gödel entdeckten Divergenz, wie man leicht erkennt, um das Problem des Überganges vom Dicent (3.2) zum Argument (3.3).

Dieser Übergang vollzieht sich innerhalb der Trichotomie des vollständigen Interpretanten (3.1 3.2 3.3) und ist, auf Grund des Repertoirecharakters des rhematischen Interpretanten (3.1), als *selektive* Folge zu verstehen (vergl. pro.-ax. Post. 2 für die „Realitätsthematik").

Im „Beweis" wird nun (im Rahmen seines semiotischen Schemas oder Modells) aus den rhematischen Ausdrucksmitteln (des zu untersuchenden „formalen Systems") eine Folge von Dicents entwickelt, aber so, daß diese dicentische Folge („wahrer Behauptungen") definitionsgemäß wieder ein Dicent, genauer: ein Super-Dicent (d. h. definitionsgemäß eine „der Behauptung fähige Folge von Behauptungen") bildet. Das entspricht auch den im vorangehenden Teil dieser pro-axiomatischen Untersuchung entwickelten Konzeptionen.
Diese (den metasemiotisch entwickelten formalen Umformungsketten der Aussagenfolgen) unterlegte Folge dicentischer Interpretanten (3.2) kann nun (auf Grund des Prinzips wachsender Semiotizität in den triadisch-trichotomischen Relationen homogenen Typs, Def. 11) nur eine abschließende, adjunktive Vollständigkeit, aber keine (für die zu repräsentierende Entität des widerspruchsfreien formalen Systems) ideale, absolute, gewissermaßen transfinite Vollständigkeit erreichen.
Ich möchte hinzufügen, daß auch die metasemiotische Situation der *Kontinuumshypothese* (etwa in der Formulierung, daß es keine Menge mit der Mächtigkeit größer als die Mächtigkeit der Menge der Natürlichen Zahlen (N_0) und kleiner als die Mächtigkeit der Menge der Reellen Zahlen (R), also des Kontinuums (C) gibt) der metasemiotischen Situation des „Beweises" der Widerspruchsfreiheit der Zahlentheorie entspricht. Denn aus den Untersuchungen von Gödel und P. J. Cohen folgt, daß die Kontinuumshypothese aus den Axiomen der Mengenlehre weder *beweisbar* noch *widerlegbar* ist. Das besagt, daß diese Annahme ein axiomatisch-deduktiv unerreichbares Theorem ist, wenngleich ein unerläßlicher *argumentischer* Interpretant der semiotischen Repräsentation mengentheoretischer Konzeptionen. Was derart weder zu beweisen noch zu widerlegen ist, kann aber durchaus wie ein repertoirieller rhematischer

Interpretant (3.1) fungieren und, wie Peirce sich ausdrückt, „der Behauptung fähig" sein und auf der Ebene der triadischen Repräsentation im Sinne eines dicentischen (3.2) auch den argumentischen Interpretanten (3.3) involvieren. So ist also zu vermuten, daß diese Art Gödelscher Divergenzen, von denen vorstehend die Rede war und die *metasemiotisch* zwischen vorausgesetzter Widerspruchsfreiheit und bewiesener Widerspruchsfreiheit oder zwischen gewissen „Theoremen" und ihren „Beweisen" bestehen, *semiotisch* durch die generativ-approximativ involvierenden Übergänge ihrer repräsentierenden Interpretanten bedingt sind und damit in der semiotischen Theorie legitimiert werden können.

Das wesentliche semiotische Prinzip der wissenschaftlichen Theorienbildung, das hier vorausgesetzt wurde und ausdrücklich zur Anwendung kam, besteht jedenfalls darin, daß die theoretischen Konzeptionen der metasemiotischen Ebene ihr *legitimierendes Kriterium* nur auf der semiotischen Repräsentationsebene der (fundamentalkategorialen) *Primzeichen* besitzen.

Damit kann ich nun die Resultate der hier vorliegenden Untersuchungen über die Zusammenhänge zwischen Axiomatik und Semiotik zusammenfassen und dabei vor allem auf zwei Feststellungen abstellen. Es sind *methodologische* Feststellungen.

Zunächst ist zu erkennen, daß die moderne Theorienbildung (in der die Theorie wesentlich als ein relationales „Gebilde" aus theoretisch-hypothetischen Begriffen und empirisch-prädikativen Daten fungiert) das Ergebnis erkenntnistheoretisch-kategorialer Zurückführungen *sprachlicher* Formulierungen auf *mathematisch-arithmetische* (bei Galilei, was die Mechanik, bei Descartes, was die Geometrie betrifft), auf *arithmetisch-logische* (bei Frege und Peano, was den Zahlbegriff, bei Russell und Ramsey, was den Axiombegriff betrifft) und schließlich auf *logisch-formalistische Ausdrucksmittel* (bei Hilbert und Bernays, was die Beweistheorie bzw. die metamathematische Grundlagenforschung angeht), ist. Mit den Arbeiten K. Gödels erreicht diese Entwicklung zur *formal-axiomatischen* Theorienbildung einen gewissen Abschluß, sofern darin von einer neuen, gewissermaßen verdoppelten *Arithmetisierung* Gebrauch gemacht wird, von der *Arithmetisierung* des *Formalismus* einerseits und damit von der *Arithmetisierung des metamathematischen Kalküls* andererseits. Alle diese methodologischen Einführungen fungieren als solche auf einer der *metasemiotischen* Repräsentationsebenen *dyadischer* Zeichenrelationen, auf der sofort Schwierigkeiten und Divergenzen auftreten, wenn man auf Probleme und Begründungszusammenhänge stößt, die ihrer Natur und Struktur nach nur auf der fundamental-kategorialen Repräsentationsebene der *triadischen* Zeichenrelation formulierbar und vermittelbar sind. Da, wie ich voranstehend (Abschnitt 5) gezeigt habe, das metasemiotische System der Mathematik am unmittelbarsten und vollständig mit dem semiotischen System als solchem verknüpft ist, sind von vornherein Schwierigkeiten zu erwarten gewesen. Genau diese Überlegung führt aber zur Einführung gewisser semiotischer Betrachtungsweisen in die Grundlagenforschung der Mathematik und insbesondere *arithmetischer* Konzeptionen in die Semiotik, um eine (im wesentlichen) *semiotisch-arithmetische* Konzeption der fundamental-kategorialen triadischen *Repräsentationstheorie* zu erreichen, die auf mathematische Grundlagenprobleme angewendet werden könnte. Die zweite zusammenfassende Feststellung, die hier gemacht werden kann, betrifft den Gödelschen Satz zur Beweisbarkeit der Widerspruchsfreiheit des Systems der formalen Zahlentheorie selbst. Dieser Satz behauptet, daß, wenn das (axiomatisch-deduktive) System der formalen Zahlentheorie als *widerspruchsfrei* anerkannt wird, diese *metamathematische Behauptung,* die sich

nicht auf einen (dicentischen) Satz, sondern auf ein (argumentisches) System von Sätzen bezieht, mit im System gegebenen formalen Mitteln *nicht* bewiesen werden kann.
Auf der semiotischen Repräsentationsebene haben wir es einerseits, was den hypothetisch eingeführten widerspruchsfreien formalen *Kalkül* anbetrifft, mit der *argumentischen* Zeichenklasse höchster Semiotizität zu tun (4 mal .3.)

$$\text{Zkl(FK)}: 3.3 \rightarrowtail 2.3 \rightarrowtail 1.3,$$

dem die *vollständige* und *homogene* Realitätsthematik des *interpretanten-thematisierten Interpretanten*

$$\text{Rth(FK)}: 3.1 > 3.2 > 3.3$$

entspricht; andererseits ist aber die metamathematische Behauptung dieses *Theorems* (der Widerspruchsfreiheit des Kalküls) im Kalkül nicht beweisbar bzw. nicht ableitbar; es bleibt also bloßes *Dicent*, d. h. der „Behauptung fähig", d. h., seine semiotische Repräsentation durch

$$\text{Zkl(Beh)}: 3.2 \mapsto 2.3 \rightarrowtail 1.3$$

führt nur zu der *unvollständigen* und *inhomogenen* Realitätsthematik

$$\text{Rth(Beh)}: 3.1 > 3.2 \mapsto 2.3$$

eines *interpretanten-thematisierten*-(formalen, konventionellen) *Objekts* (mit einem argumentischen Repräsentationswert 3 mal .3.).
Die degenerative Differenz der (argumentischen) Repräsentationswerte und damit der Realitätsthematiken las-

sen die metamathematische Divergenz zwischen dem „Kalkül" und seinem „Theorem" erkennen und legitimieren den beweistheoretischen Sachverhalt.
Auch das erweiterte Resultat der Gödelschen Untersuchungen, „daß es eine unendliche Anzahl wahrer arithmetischer Sätze" gäbe, „die aus irgendeinem gegebenen Axiomensystem nicht formal mit Hilfe eines abgeschlossenen Systems von Schlußregeln deduziert werden können" (Nagel-Newman) wird letztlich nur durch die Repräsentation auf der semiotischen Ebene verständlich. Da außerdem, wie bekannt, jede (vollständige) homogene Realitätsthematik auf Selektion und jede (gemischte) inhomogene Realitätsthematik (an ihren semiosischen *Sprüngen*) auf Zuordnung beruht, zeigt auch das Auftreten dieser Differenzierung der semiosischen Operationen die Divergenz im Gödelschen *methodologischen Komplement* (formaler Kalkül — metamathematisches Theorem) an.

13. Repräsentationstheoretische Differenzierungen der „ästhetischen Realität"

Vorausgesetzt, daß die allgemeine bzw. schematische semiotische Repräsentation „ästhetischer Zustände" durch die Zeichenklasse

$$\text{Zkl(äz)}: 3.1 \mapsto 2.2 \mapsto 1.3,$$

die mit ihrer Realitätsthematik

$$\text{Rth(äz)}: 3.1 \mapsto 2.2 \mapsto 1.3$$

voll identisch ist, gegeben werden kann, erhebt sich die Frage nach der effektiven, realen künstlerischen Rekonstruktion eines „Zustandes" dieser Zeichenklasse oder

Realitätsthematik im speziellen Fall eines ,,Kunstobjektes'' (der Malerei, der Plastik, der Poesie, der Prosa etc.).
Denn es ist zwar fraglos, daß der „ästhetische Zustand" in *jedem* Falle theoretisch durch eine triadische Zeichenrelation in der Form

ZR(I,O,M) bzw. ZR (.3.,.2.,.1.)

als spezielle Zeichenklasse

Zkl(3.1 ↦ 2.2 ↦ 1.3)

einzuführen ist, aber es bleibt dabei doch unausgesprochen, wie diese bestimmte Relation, denken wir etwa an Malerei, von der repertoiriellen Palette möglicher Mittel, vom möglichen Sujet eines Objektbezugs oder von einem möglichen Interpretantenzusammenhang des Bildes her kompositionell bzw. operationell zu erreichen sei.
Sofern nämlich am Aufbau der „ästhetischen Zeichenklasse" sowohl das Repertoire der Mittel (M), Sujets des Objektbezugs (O) und Bildideen des Interpretanten (I) beteiligt sind, sind auch deren drei Realitätsthematiken mit ihren trichotomischen Subzeichen vorauszusetzen

M: 1.1 > 1.2 > 1.3
O: 2.1 > 2.2 > 2.3
I: 3.1 > 3.2 > 3.3

Das heißt also, daß zur semiotischen Konstituierung eines „ästhetischen Zustandes" stets alle drei vollständigen Realitätsthematiken beansprucht werden können, deren jede ein Subzeichen für die Zeichenklasse zur Verfügung stellt: 3.1 stammt aus Rth(I), 2.2 aus Rth(O) und 1.3 aus Rth(M). Darüber hinaus aber bedeutet diese

Inanspruchnahme der drei vollständigen Realitätsthematiken auch, daß mindestens im Prinzip über jeder von ihnen der „ästhetische Zustand" erzeugt werden kann, derart, daß diese „künstliche Realität" ausschließlich als eine Komposition des Repertoires der Mittel, d. h. als

äz(M:1.1,1.2,1.3),

als eine Komposition der Sujets des Objektbezugs

äz(O:2.1,2.2,2.3)

oder als eine Komposition der Interpretantenbezüge

äz(I:3.1,3.2,3.3)

erscheint. Die künstlerische Komposition, die den spezifischen (originalen) „ästhetischen Zustand" eines bestimmten künstlerischen Objekts erzeugt, kann sich demnach auf die Mittel, die Objektbezüge oder auf die Interpretanten beziehen (selbstverständlich auch auf zwei oder drei Realitätsthematiken). Nun ist aber, was ihre semiotische Repräsentation, somit ihre *Semiose* anbetrifft, die *Komposition* stets eine *Superisation,* sofern darunter die Zusammenfassung eines gewissen „koexistenten" oder „konsekutiven" Systems von Subzeichen einer oder verschiedener Realitätsthematiken zu einem Subzeichen höherer Semiotizität oder dualer bzw. degenerativer Semiotizität verstanden wird.
Auf diese Weise entsteht ein „ästhetischer Zustand" *erster Stufe*

Rth(äz(M)):3.1 2.2 1.3 (1.1 1.2 1.3),

zweiter Stufe

Rth(äz(O)):3.1 2.2 1.3 (2.1 2.2 2.3)

und *dritter Stufe*

Rth(äz(I)):3.1 2.2 1.3 (3.1 3.2 3.3).

Versteht man nun, wie üblich, unter „.. $\xrightarrow{S}$ ..“ den semiotischen Prozeß der Superisation (der auf selektiver Zuordnung (>), auf thetischer Zuordnung (→), auf analoger Zuordnung (a→) oder auf dualer Zuordnung (x→) beruhen kann), dann handelt es sich also um folgende, in den einzelnen Superisationen der drei „ästhetischen Zustände“ sich vollziehende Übergänge:

in der ersten Stufe äz(M):

$$1.1 \xrightarrow[>]{S} 1.3$$

$$1.2 \xrightarrow[a\rightarrow]{S} 2.2$$

$$1.3 \xrightarrow[x\rightarrow]{S} 3.1$$

in der zweiten Stufe äz(O):

$$2.1 \xrightarrow[\vdash\rightarrow]{S} 1.3$$

$$2.2 \xrightarrow[x\rightarrow]{S} 2.2$$

$$2.3 \xrightarrow[\vdash\rightarrow]{S} 3.1$$

in der dritten Stufe äz(I):

$$3.1 \xrightarrow[x\rightarrow]{S} 1.3$$

$$3.2 \xrightarrow[a\rightarrow]{S} 2.2$$

$$3.3 \xrightarrow[<]{S} 3.1.$$

Abschließend möchte ich noch auf die kunstproduktive Seite dieser semiotischen Analyse aufmerksam machen. Hinsichtlich der ersten Stufe „äz(M)" kann man darauf hinweisen, daß sie z. B. in den „Zeichen- und Farb-Bildern" von Kurt Kranz eine Realisation besitzt. Wie vielfach in der älteren und jüngeren Bauhaus-Tradition bis zur „optical art" (z. B. Vasarelys) geht es auch Kranz, wie er sich ausdrückt, ästhetisch um den methodischen „Aufbau der Farbe" auf der Fläche, und zwar durch mehrfache „Übermalung" eines Tons, der als Farbqualität bzw. als Farbbasis (.1.) fungiert, durch weitere Töne, bis der gewünschte und damit singulär produzierte (1.2) sowie konventionell determinierbare oder zu bezeichnende (1.3) Ton in seine indexikalische Objektfunktion (2.2) superiert ist und damit den *medialen* „ästhetischen Zustand" erreicht hat.
Entsprechend können Beispiele für *objektbezogene* „ästhetische Zustände" äz(O) in jedem Bereich abstrahierender, gegenständlicher oder figurativer Malerei gefunden werden. In jedem Falle existiert hier eine vollständige Realitätsthematik des intendierten Objektbezugs (2.1>2.2>2.3). Ich verweise, was die realistische Orientierung anbetrifft, z. B. auf Claude Monets „Dorfstraße in der Normandie" (Mannheimer Kunsthalle), dessen indexikalisches System (2.2) nicht nur durch einen bestimmten, gerichteten Blick in eine gegebene Straßenbiegung, sondern auch durch landschaftlich, umweltlich, gesellschaftlich, jahreszeitlich und tageszeitlich genau fixierte Farb-, Form- und Figurations-Daten malerisch entwickelt wird. Interessante Beispiele aus dem modernen Bereich bietet die stark manieristisch orientierte Technik auf vielen Arbeiten (Gemälde und Lithos) Paul Wunderlichs. Ich nenne hier das sehr plakative Litho „Alexander von Humboldt" (in vier Farben, 1979). Das doppelrahmige Blatt zeigt auf dem großen inneren Teil das Gesicht Alexander von Humboldts

(nach einem Portrait von 1806), darunter die Inschrift seines Namens (nach einer Büste des Forschers von Christian Rauch aus dem Jahre 1823), dann in der unmittelbaren Umgebung des Gesichts manieristisch stilisierte Vulkane und ein Landschaftsprofil sowie topographische und astronomische Projektionen mit Maßstäben und der Andeutung einer Sonnenfinsternis. Alle Daten, d. h. Zahlenwerte (Sy), Projektionen (In) und Abbildungen (Ic), entstammen dem Beobachtungs- oder Publikationsmaterial Alexander von Humboldts, bilden also das indexikalische Darstellungssystem für das (iconische) Portrait und die (symbolische) Buchstabenfolge des Namens. Interessant ist, daß die schmale Zwischenfläche zwischen den Rahmen (bzw. Bildgrenzen) ebenfalls mit Daten, Dingen (Blättern, Früchten), Maßstäben und Schriftzügen, Portraits (Bolivar, Bonpland) und der Nachzeichnung eines langarmigen Äffchens (aus dem Skizzenbuch des Forschers), aber mit dem Profil des Gesichtes von Paul Wunderlich selbst gefüllt ist. Der „ästhetische Zustand" (3.1 2.2 1.3) wird also auch im Rahmenbild des Blattes aus einer vollständigen Realitätsthematik des Objektes (2.1 2.2 2.3) als ein superiertes System von indexikalischen Daten generiert.
Interpretantenbezogene malerische Konstituierungen des „ästhetischen Zustandes" äz(I) definieren alsdann z. B. mittelalterliche Madonnenbilder, die ihren Anordnungsschemata, Formen, Proportionen, Farben, Gegenständen etc. in einem thematisch-dicentischen (mehr oder weniger christlich-dogmatischen) konventionellen Kontext (3.1 3.2) jeweils einen entscheidbaren dicentisch-argumentischen Ort (3.2 3.3) der Interpretation zuweisen, so daß deren vollständige Realitätsthematik (3.1 3.2 3.3) zur Verfügung steht, um daraus einen „ästhetischen Zustand" (3.1 2.2 1.3) durch entsprechende superierende Semiosen zu entwickeln.

14. Das semiotische Apriori

I. Die semiotische Repräsentation des erkenntnistheoretischen „Apriori"

Georg Galland hat in seiner Dissertation „Zur semiotischen Funktion der kantischen Erkenntnistheorie" (Stuttgart 1978) im Zusammenhang mit der Erörterug meiner Konzeption, daß der semiotische Ursprung der „Erkenntnis" den erkenntnistheoretischen Ursprung der „Zeichen" einschlösse, auch eine semiotische Bestimmung des kantischen Apriorismus, vor allem des synthetischen Urteils apriori versucht. Vorliegende Untersuchung möchte zu Gallands Ansätzen bzw. zu meiner früheren Konzeption einige Begründungen, Erweiterungen und Ergänzungen beibringen und eine Komplettierung der semiotischen Theorie des „Apriori" anstreben.
Zunächst möchte ich jedoch darauf hinweisen, daß offensichtlich auch Peirce die Probleme eines Zusammenhanges zwischen Apriorismus und seiner spezifischen und neuen Konzeption der Fundamentalkategorien am Horizont seiner Überlegungen zur Semiotik hat auftauchen sehen. Ich möchte dazu nur auf folgende wenige seiner Bemerkungen hinweisen:
„5.105. Thirdness, as I use the term, is only a synonym for Representation . . ." (Lect. on Pragmatism);
„5.212. The elements of every concept enter into logical thought at the gate of perception and make their exit at the gate of purposive action (Lect. on Pragmatism);
„1.144 . . . I ask how do you know that a priori truth is certain, exceptionless, and exact? — You cannot know it by reasoning . . . Then, it must amount to this that you know it a priori; that is, you take a priori judgements at their own valution . . ."; (Ms. um 1897)
„1.292. It can further be said in advance, not, indeed, pu-

rely a priori but with the degree of apriority that is proper to logic, namely, as a necessary deduction from the fact that there are signs, that there must be an elementary triad"; (Ms. um 1908)
„1.299. We find then a priori that there are three categories of undecomposable elements to be excepted in the phaneron: those which are simply positive totals, those which involve dependence but not combination, those which involve combination." (Ms. um 1905).

Ich gehe nun zur eigentlichen semiotischen, also repräsentationstheoretischen Analyse des puren Begriffs- „a priori", wie er in Kants „Kritik der reinen Vernunft" verwendet wird, über. Man kann diesen Begriff gemäß Kant durch folgende drei Bestimmungsmerkmale kennzeichnen:

1. Unabhängigkeit von jeder Erfahrung;
2. Bedingung für jede Erfahrung;
3. Allgemeingültigkeit für jede Erfahrung.

Konzediert man nun mit Peirce, Kant, Nelson u. a. die Unmöglichkeit eines *logischen* Urspungs des „Apriori" und nimmt man weiterhin den definitorischen und methodologischen Bezug dieses Kantischen Begriffs auf die „Erkenntnisart von Gegenständen, sofern diese a priori möglich sein soll" ernst, dann erweist sich die Peircesche analytische Präparation bzw. apriorische Rekonstruktion der „three categories of undecomposable elements", die ich angeführt habe (1.299), als Möglichkeit, den relativ dunklen Ausdruck „transzendental", wie ihn Kant einführte, als fundamentalkategorial, repräsentationsschematisch bzw. im Sinne einer triadischen Zeichenrelation zu verstehen und anzuwenden. Transzendentalität beruht, wenigstens in semiotischer Sicht, auf der Repräsentation in Fundamentalkategorien der „Erstheit", „Zweitheit" und „Drittheit" bzw. wie unser Terminus lautet, in den drei Primzeichen, wie sie das

triadisch-trichotomische System der Zeichenmatrix konstituieren.
Unter diesen Voraussetzungen kann also die Zeichenklasse bzw. die Realitätsthematik des „Apriori" rekonstruiert werden.
Vergegenwärtigt man sich, daß den oben angeführten Kantischen Bestimmungsmerkmalen des „Apriori" unter dem Aspekt des Generativen nacheinander

1) das thetisch-selektive Moment (im Sinne von (.1.) bzw. (M)) entspricht,
2) das genuin-reaktive Moment (im Sinne von (.2.) bzw. (O)) entspricht und
3) das generalisierend-konnexive Moment (im Sinne von (.3.) bzw. (I)) entspricht,

dann ergibt sich als triadische Zeichenrelation ZR (M_{ap}, O_{ap}, I_{ap}) des „Apriori" die Zeichenklasse

$$Zkl(ap): 3.1 \mapsto 2.2 \mapsto 1.3.$$

Es handelt sich um die bekannte dualitäts-identische Zeichenklasse für die „Zahl" als solche bzw. für den „ästhetischen Zustand"

$$Zkl(3.1\ \ 2.2\ \ 1.3) \times Rth(3.1\ \ 2.2\ \ 1.3).$$

Die Eigenschaft der Dualinvarianz ist für das „Apriori" entscheidend. Dadurch wird nämlich ausgedrückt, daß das „Apriori" nur dann und nur dadurch als eine intelligible Vermittlungsfunktion zwischen der intelligiblen Welt des Bewußtseins und der empirischen Welt der Realität fungieren kann, daß seine fundamentalkategoriale *Repräsentation* in *Primzeichen* selbst *zeichenthematisch* wie *realitätsthematisch* identisch repräsentierbar ist.
Infolge der charakteristischen Gleichverteilung der fundamentalen Primzeichen über der Triade bzw. Trichoto-

mie (Zeichenklasse bzw. Realitätsthematik) unserer triadischen Zeichenrelation des „Apriori“, die im Rahmen des Zehn-Zeichenklassen-Systems nur auf diese eine triadisch-trichotomische Relation zutrifft, ergibt sich natürlich auch eine charakteristische dreifache realitätsthematische Beschreibung für sie. Während die übrigen neun Realitätsthematiken des Zeichenklassen-Systems einen der drei möglichen Realitätsbegriffe (M, O oder I) jeweils durch zwei Subzeichen nur eines anderen festlegen (z. B. die inhomogene Trichotomie 3.1 2.2 2.3) als objektthematisierten Interpretanten bezeichnen, lassen sich in der dualidentischen Trichotomie des „Apriori“ drei verschiedene apriorische Typen der identischeinen Realitätsthematik des „Apriori“ ausdifferenzieren, indem man jeweils die eine der drei fundamentalkategorialen Realitäten (also M, O oder I) durch zwei bestimmt. Man erhält dann:

1) ein M und O-thematisiertes (I),
2) ein M und I-thematisiertes (O) und
3) ein O und I-thematisiertes (M)

als drei Typen der identisch-einen Realitätsthematik der dual-identischen Zeichenklasse

Zkl:3.1 2.2 1.3.

Sie lassen sich offensichtlich der Reihe nach als repräsentationstheoretische und damit als zeichentheoretische Bestimmungen der drei (auch von Kant im Prinzip unterschiedenen) erkenntnistheoretischen Formen verstehen:

1) als synthetisierendes Apriori (im Sinne des synthetischen Urteils a priori);
2) als Apriorität der reinen Anschauungsformen wie Raum und Zeit und
3) als Apriorität der reinen Verstandesbegriffe.

(Diese repräsentationstheoretische Bestimmung der

„Apriorität“ ist natürlich nicht nur auf den euklidischen Raum und seine Axiomatik festgelegt, sondern ebenso auf die infinitesimalgeometrische Struktur der Riemannschen homogenen Räume wie auf den relativitätstheoretischen Raum materieabhängiger Metrik, in dem (nach H. Weyl) die Forderung der Homogenität durch das Postulat „frei veränderlicher Orientierung“ ersetzt ist.
Die wichtigste Differenz dieser meiner Auffassung zu derjenigen von Georg Galland, der nicht das rein begriffliche „Apriori“, sondern das „synthetische Urteil a priori“ in den Mittelpunkt der Analyse rückt, liegt genau darin, daß er nicht die realitäts-identische Zeichenklasse

Zkl(ap.):3.1 2.2 1.3,

sondern die Zeichenklasse

Zkl(ap.syn.):3.1 2.3 1.3

des interpretantenthematisierten Mittels als das eigentliche apriorische Moment ansetzt. Natürlich ist das „synthetische Urteil“ in diesem Falle eine „Variable“, denn dieser mathematisch-logische Begriff wird durch eben diese Zeichenklasse repräsentiert. Aber daß das „synthetische Urteil apriori“ variabel verwendbar ist (nach Kant in der gesamten Mathematik), ist keinesfalls sein eigentliches Repräsentamen.
Darüber hinaus ist es für Galland offenbar unmöglich, die weiteren Varianten des „Apriori“ (z. B. die Anschauungsformen „Raum“ und „Zeit“) durch die gleiche Zeichenklasse bzw. Realitätsthematik zu repräsentieren.
Es ist der singuläre symmetrische Bau der Zeichenklasse Zkl (3.1 2.2 1.3), daß sie als identisch-eine gleichwohl drei gewissermaßen realitätsverschiedene (externe) Interpretanten der identisch-einen dual-identischen (Quasi-)Realitätsthematik zuläßt. Mir scheint, daß diese

Lösung des Repräsentationsproblems des „Apriori" der Kantischen Theorie angemessen und äquivalent ist.
Alle diese Überlegungen zum semiotischen Apriori gründen also in der Tatsache, daß *Apriorität* nur durch die eine Zeichenklasse

Zkl(ap):3.1 2.2 1.3

repräsentiert werden kann; Apriorität also ein Repräsentationsbegriff (kein Deskriptionsbegriff oder Deduktionsbegriff) ist. Er ist somit nur thetischer Provenienz, kein *Erkenntnisschema,* nur ein *Repräsentationsschema* (möglicher Erkenntnis). Dementsprechend besitzt er auch (wie die „Zahl" als solche, die „reine Anschauung" und der „ästhetische Zustand") keine dual koordinierte Realitätsthematik und gehört er als solcher auch zu keinem (zeicheninternen) Dualitätssystem.
Meiner Meinung nach ist mit der repräsentationstheoretischen Konzeption des „Apriori" auch die Frage des Übergangs vom semiotischen Basissystem der triadisch-trichotomischen Zeichenrelationen zu den metasemiotischen Superisationssystemen der Wahrnehmung, der Sprache, des Verstehens, der Logik, der Mathematik, der Information und Kommunikation (und umgekehrt) zugänglich geworden. Ich denke dabei an die eingangs dieser Untersuchung zitierte Bemerkung von Peirce, die ich hier in deutsch wiederhole: „Die Elemente eines jeden Begriffs treten in das logische Denken durch das Tor der Wahrnehmung ein und verlassen es durch das Tor zweckvoller Handlung; und was seinen Paß an diesen beiden Toren nicht vorzeigen kann, wird von der Vernunft als nicht autorisiert festgenommen" (a. a. O., p. 287). Es sind die (generativen oder degenerativen) Übergänge zwischen „Zeichen von ..." und „Zeichen für ...", um eine ältere Bezeichnung zu gebrau-

chen, die in diesen erkenntnistheoretisch-wissenschaftstheoretischen Vorgängen eine Rolle spielen. Es sind, um es semiotisch genauer zu sagen, also die (generativen oder degenerativen) Semiosen zwischen den Realitätsthematiken des mittelthematisierten Objekts (2.1 1.2 1.3) und des interpretantenthematisierten Objekts (3.1 3.2 2.3), die hier fundierend und kategorial wirksam sind: Semiosen, die zeichen-intern auf der Peirceschen Unterscheidung zwischen einem „Quasi-Sender" (quasi-utterer) und einem „Quasi-Empfänger" (quasi-interpreter) beruhen (vergl. „Prolegomena", edition rot, 44, Stuttgart 1971).

Vom Standpunkt der Peirceschen semiotischen Fundamentalkategorien aus betrachtet, sind sowohl die aristotelischen wie auch die kantischen Kategorien rein metasemiotische Systeme, also keine repräsentationstheoretische, ordinale, sondern erkenntnistheoretische, klassifizierende Kategorien. Dementsprechend involviert die „Tafel der Kategorien" der „Kritik der reinen Vernunft" auch kein relationales Gebilde im Sinne einer triadisch-trichotomischen Rekonstruktion, die dieser Tafel entspräche. Es könnte sich bestenfalls um die semiotische Rekonstruktion (in Zeichenklassen bzw. Realitätsthematiken) von Teilsystemen dieser Tafel handeln, deren „transzendentale Deduktion" im Zusammenhang aber dann nicht mehr ohne weiteres gewährleistet wäre.

Hier möchte ich noch eine ergänzende beweiskräftige semiotische Ableitung der Zeichenklasse Zkl(ap):3.1 2.2 1.3 des semiotischen Apriori (bzw. also für die Zeichenklasse des Repräsentationsschemas des kantischen Apriori) einfügen. Diese Zeichenklasse fungiert bekanntlich als eine dual-invariante, transformationsidentische Diagonale der elementaren Semiotischen Matrix

	3.	2.	1.
.1	3.1		
.2		2.2	
.3			1.3

Man geht also von den beiden Anordnungen der fundamentalkategorialen dreistelligen Ordnungsrelationen aus

3.	2.	1.
.1	.2	.3

und gewinnt durch additive Assoziation die Subzeichenfolge der diagonalen, dualinvarianten Zeichenklassen-Realitätsthematik

$$(3.1\ 2.2\ 1.3).$$

Diese Zeichenklasse-Realitätsthematik hat den Repräsentationswert eines Vollständigen „Objektbezugs" (d. h. sie betrifft sowohl iconische wie indexikalische und symbolische Objekt- bzw. Realitätsbezüge)

$$Rpw(ap_O) = 12.$$

Damit ist gesagt, daß sie als repräsentiertes Apriori bezüglich der Realitätsthematik von Objekten allgemeingültig ist. Darüberhinaus ist mit ihr eine Indifferenz gegenüber intelligiblen und empirischen Objekten und Realitäten bzw. gegenüber semiotischen und metasemiotischen Systemen ausgedrückt und schließlich verlangt die *semiosische* Struktur dieser Klasse ausschließlich ein thetisches Zuordnungsprinzip, jedoch kein repertoireabhängiges Selektionsprinzip und das entspricht genau dem Prinzip der Apriorität im Verhältnis zur Aposteriorität.

II. Das semiotische Apriori, die geometrischen Axiome, der Gödelsche Beweis und die Realitätsbezüge

Es ist bekannt, daß das Ursprungsproblem der geometrischen Axiome (wie überhaupt der Axiomatik der Mathematik bzw. der deduktiven Theorien) insbesondere im Zusammenhang mit dem Kantischen Apriorismus einerseits und mit den Versuchen der Rekonstruktion Nicht-Euklidischer Geometrien (von Gauss, Bolyai, Lobatschevsky und Felix Klein bis zu Hilbert, Bernays und Gödel) andererseits eine große Diskussionsbreite gewonnen hat, die ein Zentrum der „Grundlagenkrisis" der Mathematik bildet. Von Anfang an überschnitten sich in dieser Diskussion ontologische, erkenntnistheoretische, wissenschaftstheoretische, logische und mathematische Methoden und Fragen, die nicht immer unabhängig von metaphysischen Vorentscheidungen waren.
Peirce gehört nicht unmittelbar dieser Diskussion an, obwohl er sich ein Urteil über den Ursprung der geometrischen Axiome gegen die empirische Auffassung von Helmholtz, aber für die apriorische Auffassung Kants gebildet hat. Es hat den Anschein, daß er sich mehr für das Problem der (mathematischen) Klassifikation der Geometrien, wie es Felix Klein mit seiner Definition einer Geometrie als „Invariantentheorie" ihrer „Transformationsgruppe" verstand oder für Cayleys „projektive Maßgeometrie" und Sylvesters Untersuchungen dazu interessierte. Erst heute wird der indirekte schöpferische Beitrag von Peirce zu den Grundlagenfragen der Axiomatik, ihren logischen, erkenntnistheoretischen und wissenschaftstheoretischen Aspekten erkennbar, indem wir in der Analyse auf seine Semiotik der triadischen Zeichenrelation und ihrer fundamentalkategorialen Primzeichen zurückgreifen können.

Zunächst jedoch sei auf einige Schriften des auch in Deutschland nicht sehr bekannten Philosophen und Mathematikers Leonard Nelson hingewiesen, dem m. E. die klarste Deklaration für den apriorischen Standpunkt Kants in der Frage des Ursprungs geometrischer Axiome nach den Erörterungen Helmholtz', Poincarés, Hilberts u. a. zu Beginn unseres Jahrhunderts gelungen ist: Nelsons „Bemerkungen über die Nicht-Euklidische Geometrie und den Ursprung der mathematischen Gewißheit" (1905/06) und sein Vortrag „Kritische Philosophie und mathematische Axiomatik" (1927/28). In beiden Arbeiten wird „die Lehre von der Apriorität der mathematischen Erkenntnis, d. h. ihre Unabhängigkeit von der Erfahrung einerseits und die Nicht-Ableitbarkeit der mathematischen Axiome mit Hilfe syllogistischer Verfahren erkenntnistheoretisch im Sinne Kants, aber darüber hinaus auch mit neuen, feineren Argumenten entwickelt. Die Basis für die prinzipiell *apriorische* Konzeption der Axiome wird durch Akzeption der Apriorität der „reinen Anschauung" gelegt. Denn „die reine Anschauung" sei als *Anschauung* eine „Erkenntnis nicht-logischer Art". Und als *reine* eine „Erkenntnis nicht-empirischer Art". Daher entwickle sich die Mathematik, „obschon in Begriffen und durch Begriffe, dennoch aus der Anschauung." Zweifellos hätte Peirce dieser Auffassung zugestimmt, denn bereits in seiner „Description of a notation for the logic of relatives" von 1870 bemerkt er „Lobatchewsky furnish no solution of the question concerning the apriority of space ... Lobatchewsky's conclusions do not positively overthrow the hypothesis that space is a priori". (CP 3.134). Und sein Hinweis darauf, daß „One of the remarkable merits of it is that Euclid had evidently gone far toward an understanding of the non-Euclidean geometry. ... One evidence of that is that he puts his famous postulate about parallels into the form in which it most obtrusively displays its hypothetic charac-

ter“ (CP 4.186), entspricht andererseits der späteren Meinung Nelsons, wenn dieser in seinem Vortrag bemerkt: „Das Problem, die Widerspruchslosigkeit eines Axiomensystems zu beweisen, taucht, wie wir gesehen haben, zuerst bei der Entwicklung der nicht-euklidischen Geometrie auf. Und hier hat der Beweis gerade unter der Voraussetzung der Gültigkeit der euklidischen Geometrie seine große Bedeutung.“ (Nelson, p. 110). Nelson vergißt auch an dieser Stelle nicht, darauf hinzuweisen, daß sich die Beweismethode der Zurückführung der Widerspruchsfreiheit der nicht-euklidischen Geometrie auf die der euklidischen, sich andererseits ganz und gar auf die *anschaulich* gegebene Sicherheit der euklidischen Geometrie stütze.
Nelson gewinnt damit sein Problem: „In der Eigentümlichkeit ihrer Erkenntnisquelle, die Anschaulichkeit und Apriorität vereinigt, liegt also der Grund der Evidenz der mathematischen Erkenntnis einerseits, und ihrer strengen Notwendigkeit andererseits“ (p. 14). Und genau das ist auch unser Problem hinsichtlich der Repräsentation der Mathematik auf semiotischer Ebene: die Identifizierung der identisch-einen fundamentalen *Apriorität* (und Kategorialität) als reine *Anschaulichkeit* (des Raumes und der Geometrien), als reine *Begrifflichkeit* (der Logik notwendiger Schlüsse) und als reine *Mathematizität* (des idealen Status der Realität der „Zahl“ und ihrer Derivate, der Algebra und der Arithmetik). Diese Identifizierung erfolgt durch die Postulierung der dual-identischen Zeichenklasse des semiotischen Apriori.

Zkl(ap.):3.1 2.2 1.3

mit dem Repräsentationswert 12, der, wie man sieht, gleich dem Repräsentationswert des Vollständigen Objektes ist. Und dieses Vollständige Objekt, also die Trichotomie des Objektbezugs (O) setzt sich aus den Sub-

zeichen: Icon (2.1), Index (2.2) und Symbol (2.3) zusammen, die — da sie definitionsgemäß eine Abstraktionsfolge bilden — die Anschauungsformen des reinen, vollständigen Raumes als Träger seiner abstrakten geometrischen Objekte (also derer, die als Icone, z. B. Figuren, als Indices, z. B. Schnittpunkte, geometrische Örter, und als Symbole, z. B. Winkelsummen, Doppelverhältnisse, überhaupt metrische Daten bezeichnet werden können) repräsentieren. Ich füge hinzu, daß darüber hinaus auch die Tatsache, daß, wie schon gesagt, obige Zeichenklasse zugleich auch die der „Zahl", des „Zeichens" selbst und des „ästhetischen Zustandes" als solchem ist, sie zum triadisch-trichotomischen bzw. zeichenthematisch-realitätsschematischen Repräsentationsschema der geometrischen Systeme (euklidischer und nicht-euklidischer, projektiver, topologischer und metrischer Intention) bestimmt. Ich bemerke abschließend hierzu, daß die Kleinschen bzw. Riemannschen Versuche, euklidische Modelle zu konstruieren, die nicht-euklidischen Sachverhalte auf euklidische *abbilden,* um die Widerspruchsfreiheit der Postulate zu demonstrieren, auf der semiotischen Ebene selbstverständlich Rekonstruktionen unter Voraussetzung der apriorisch reinen *objektbezogenen Anschaulichkeit* (iconisch-indexikalischer Repräsentation) sind, während die *synthetische Apriorität* der Verträglichkeit der Postulate als ein M-O-thematisierter Interpretant auf dem dicentisch-argumentischen Bereich jener Objektbezüge fungiert (vergl. Nagel-Newman, p. 14 ff.).
Ich werde jedoch hier die Rolle des erkenntnistheoretischen wie des semiotischen Apriori in den Gödelschen Untersuchungen nicht weiter verfolgen, sondern lediglich auf den Punkt hinweisen, der in ihnen speziell für die semiotische Repräsentationstheorie von Interesse ist.
Zeichenanalytische Untersuchungen sind repräsenta-

tionstheoretische Untersuchungen über Repräsentationsschemata. Repräsentation aber ist selbstverständlich keine Schlußfigur, keine Deduktion, überhaupt kein Schema der Folgerung, nur ein Schema der *Darstellung* und zwar der Darstellung auf der am tiefsten liegenden operationellen Ebene unseres Bewußtseins, d.h. auf der *kategorial fundierenden* Ebene des Systems der triadisch-trichotomischen Zeichenrelationen, das, wie schon mehrfach gezeigt, als *Dualitäts-System* über den zehn Zeichenklassen mit ihren zehn Realitätsthematiken fungiert.

Das heißt aber, daß die semiotische Analyse keine Beweise liefern kann, sondern nur die *Zuständigkeit* eines logisch-mathematischen Beweisschemas für die Ableitbarkeit von Theoremen aus Axiomen durch dessen fundierende Repräsentation im Rahmen der zuständigen Zeichenklasse und deren Realitätsthematik, die wiederum für die (im Falle eines logisch-arithmetischen Systems) als objektiv intendierten (variablen) Objekte und Prädikationen zuständig ist, legitimiert. An Stelle der deduktiven Schemata des logisch-arithmetischen Systems fungieren im semiotischen Repräsentationssystem die generativen Schemata, wobei die semiotischen Repräsentationswerte (Rpw) in den triadisch-trichotomischen Zeichenrelationen in gewisser Hinsicht die Rolle der Wahrheitswerte des deduktiven Systems übernehmen.

Es waren im wesentlichen drei verschiedene (methodologisch-systematische) Unterscheidungen, die Hilbert in seinem Versuch einer vollständigen Neubegründung und Tieferlegung der Fundamente der Mathematik in der Durchführung seiner Bemühungen festhielt:

1) die Unterscheidung zwischen definitiv widerspruchsfreien und von anderen Begründungssystemen unabhängigen *absoluten* Beweisen und von widerspruchsanfälligen und von anderen Begründungssystemen nicht unabhängigen *relativen* Beweisen;

2) die Unterscheidung zwischen der *Formalisierung* und der *Deskription* des Kalküls, in dem der Beweis entwickelt wird;
3) die Unterscheidung, die im wesentlichen der vorhergehenden entspricht, zwischen dem *mathematischen* System des Kalküls und dem *mathematischen* System der *Bedeutungen,* die das mathematische System beurteilen und beschreiben.

Dieses dreistufige Begründungssystem zur Rekonstruktion absolut widerspruchsfreier axiomatisch-deduktiver Systeme (vorausgesetzt die finite Programmierung) stellt natürlich in seiner Ganzheit ein *metasemiotisches* System dar, dessen drei genannte Stufen ohne weiteres auf ihre semiotischen Fundamente zurückgeführt werden können.

Zunächst ergeben sich für die Zeichenklassen bzw. Realitätsthematiken der relativen und absoluten Beweise folgende Relationen:

Zkl(rel. B.):3.2 2.2 1.2 × Rth:2.1 2.2 2.3 im Falle eines Theorems mit Vollständigem (d. h. also konstruktivem) Objektbezug (z. B. der euklidischen Geometrie) bzw.

Zkl(rel. B.):3.2 2.3 1.3 × Rth(3.1 3.2 2.3 im Falle eines Theorems mit Interpretantenthematisierten Objektbezug (z. B. der nicht-euklidischen Geometrien).

Zkl(abs. B.):3.3 2.3 1.3 × Rth 3.1 3.2 3.3 im Falle des idealen (Widerspruchsfreiheits-)Beweises im Sinne Hilbertscher Beweistheorie, in der ein Beweis den formalisierten Kalkül realitätsthematisch als einen Vollständigen Interpretanten zu fundieren hätte. Da es nur einen Vollständigen Interpretanten gibt, das Hilbertsche Programm jedoch den Vollständigen Interpretanten im absoluten Beweis fordern muß, kann es nur eine einzige semiotische Modifikation dieses Beweises geben, den idealen Beweis, der im Prinzip

alle dicentischen, d. h. der „Behauptung fähigen“ bzw. wahren Theoreme enthalten müßte.
Die Schwierigkeiten der systematischen Durchführung des Hilbertschen Programms sind selbstverständlich in der Grenznatur des Vollständigen Interpretanten des idealen Beweises begründet. Während für die beweistechnische dicentische Approximation an das argumentische Ideal jedes Dicent in der Folge aller Dicents der „Behauptung fähig ist“, im Sinne von „wahr oder falsch“, heißt „der Behauptung fähig“, für das Argument „immer wahr“. Insbesondere ist darüber hinaus auch die Realitätsthematik des Vollständigen Interpretanten im Sinne „alle Dicents“ des „Arguments“, wie sie mit der zehnten Zeichenklasse zu fordern ist, zwar im semiotischen System ohne weiteres diskutabel, aber nicht im metasemiotischen der Logik, das Hilbert in seine Methode einschließt. Ich komme darauf erst später zurück. Zunächst gebe ich eine semiotische Analyse des an Hilberts Verfahren kritisch orientierten Gödelschen Beweises, soweit es die Repräsentation seiner einzelnen Phasen betrifft:

1) Phase der „vollständigen Arithmetisierung eines formalen Kalküls“, der, wie die „Principia Mathematica“, die Rekonstruktion der natürlichen Zahlen bzw. der arithmetischen Begriffe und Beziehungen zuläßt, durch eindeutige Zuordnung einer Zahl zu jedem Elementarzeichen, jeder Formel und Folge von Formeln. Wesentlich ist, daß diese Zuordnung durch ein konstruktives arithmetisches Verfahren über differenzierten eindeutigen Primzahlbildungen erfolgt.
2) Phase der „Arithmetisierung der Metamathematik“, in der alle metamathematischen Sätze, die sich definitionsgemäß auf die durch die rekonstruierten Gödelzahlen repräsentierten strukturellen Eigenschaften der Ausdrücke des Kalküls beziehen, auch als adäquate Sätze über die zugeordneten Gödelzahlen

und deren artithmetische Relationen fungieren und aufgefaßt werden können.

Die triadische Zeichenrelation der mit diesen Phasen verbundenen *Semiosen* des Gödelschen Beweises kann, wie man leicht rekonstruiert, durch die Zeichenklasse

Zkl(Göd):3.2 2.2 1.3

in der die argumentische Vollständigkeit durch dicentische Approximation ersetzt ist, repräsentiert werden. Denn zweifellos bezieht sich das algorithmisch zuordnende Verfahren des Gödelschen Beweises auf einen in den einzelnen und den gesamtheitlichen Schritten jeweils entscheidbaren Begründungszusammenhang, dessen Objektbezug als eine Zahlenkonstruktion der natürlichen Zahlenreihe nur indexikalisch fungiert und durch das Mittel eines konventionellen Begriffs bezeichnet ist. Das konventionelle Zeichen (1.3) gehört also in jedem Falle (ob als Zählzahl, Primzeichen oder Gödelzahl) dem Repertoire (.1.) der natürlichen Zahlenreihe an, desgleichen gehören selbstverständlich auch die durch Gödelzahlen bezeichneten syntaktischen logistischen arithmetischen Elementarzeichen zu diesem Repertoire. Die elementare *Selektion,* die gemäß der Bezeichnungsfunktion des Zeichens auf das Repertoire angewendet wird, ist naturgemäß eine (logistisch-arithmetisch) operationell genau festgelegte und damit eingeschränkte Selektion des repertoiriellen Mittels.

Zu der oben postulierten irregulären Zeichenklasse

Zkl(Göd):3.2 2.2 1.3

gehört nun die Realitätsthematik

Rth(Göd):3.1 2.2 2.3

des objektthematisierten Interpretanten, also eine inhomogene Realitätsthematik (mit jeweils Unvollständigem Realitätsbezug des Objekts als solchem wie auch mit Unvollständigem Interpretantenbezug als solchem).
Dieses Ergebnis besagt, daß der Gödelsche Beweis, der sich auf den formalen *Zusammenhang* des *mathematischen* mit dem *metamathematischen* System bezieht, auf der semiotischen Ebene durch das *Dualitätssystem* des *objektthematisierten Interpretanten* gegeben ist:

DS(O-them I):3.2 2.2 1.3 × 3.1 2.2 2.3

irregulär (in der Zeichenklasse) und inhomogen (in der Realitätsthematik) repräsentiert wird. Die metasemiotisch intendierte „mathematische Realität" des Gödelschen Beweises, die auf Grund des fundamentalen und universalen Primzeichenschemas der triadisch-trichotomischen Zeichenrelationen, als (um jetzt einen entsprechenden Begriff zu verwenden) eine „Replica" der semiotisch repräsentierten und thematisierten „Realität" der „mathematischen Realität" des Gödelschen Beweises aufgefaßt werden muß, ist somit weder als reguläres triadisches Repräsentationsschema noch als dessen homogenes trichotomes Realitätsschema zu fundieren und zu determinieren. Der „Beweis" bleibt stets ein irregulärer und inhomogener Interpretant. Die volle (bzw. vollständig fundierende) Realität des Interpretanten

DS(Voll. I):3.3 2.3 1.3 × 3.1 3.2 3.3

die eine vollständig fundierte Repräsentation des „Beweises" verlangen müßte, erweist sich auf dem *dicentischen* Wege des formalisierten Kalküls, den Gödel eingeschlagen hat, als unerreichbar.

Abschließend ist noch zu bemerken, daß Gödels Beweissystem, indem es, wie gesagt, mathematische Deduktion und metamathematische Coordination verknüpft, in gewisser Hinsicht schon als metasemiotisches Dualitätssystem fungiert. Dementsprechend erscheinen auch die entscheidenden Resultate Gödels, folgt man, wie es hier geschieht, der Nagel-Newmanschen Darstellung, in einer annähernd paarig-dualen Form wie: „wir können nicht alle arithmetischen Wahrheiten aus den Axiomen deduzieren" bzw. „die Axiome der Arithmetik" sind „unvollständig".
In dieser Formulierung ließe sich der erste Teil als metasemiotisches Repräsentationsschema und der zweite Teil als metasemiotische Realitätsthematik verstehen.
Damit ist es auch nicht unerwartet oder unerklärlich, daß die *mathematische* Theorie als ein dem *semiotischen Repräsentationssystem* (über allen zehn triadischen Relationsklassen) fast angepaßtes oder aufliegendes *metasemiotisches System* in ihren verschiedensten Verzweigungen (in der projektiven Geometrie, in der Algebra der Verbände, in der Kategorietheorie, in der formalen Aussagelogik u. a.) ein *Prinzip* der *Dualität* entwickelt. So fixiert der in einer Theorie wirksame logische Formalismus deduktiver Systeme stets eine Quasi-Zeichenthematik, während die Gesamtheit der „abstrakt" oder „idealiter" durch den Bezugsbereich des Formalismus postulierten „Objekte" eine entsprechende Quasi-Realitätsthematik einführt.
Wie weit schwächer (d. h. durch weniger als zehn Zeichenklassen bzw. Realitätsthematiken) semiotisch determinierte metasemiotische Systeme, wie z. B. die natürlichen Sprachen deutliche Dualitätsstrukturen generieren, kann von uns hier generell nicht beurteilt werden. Es handelt sich dabei um speziellere linguistische Probleme, die hier nicht verfolgt werden können. Sicher ist jedoch, daß das System der Logik, bekanntlich ein

System, das über drei Zeichenklassen bzw. Realitätsthematiken rekonstruiert werden kann, ein Dualitätsprinzip aufweist, d. h. die drei Zeichenklassen führen, dualisiert, zu drei verschiedenen Realitätsthematiken. Aber sicher ist auch, daß es nur eine Zeichenklasse, nämlich die des „ästhetischen Zustandes“ bzw. der „ästhetischen Realität“ (Zkl(äz):3.1 2.2 1.3) gibt, die mit ihrer Realitätsthematik (wovon man sich durch Dualisierung leicht überzeugt) zusammenfällt. Das bedeutet, daß die Zeichenklasse des „ästhetischen Zustandes“ diesen als Zeichenzustand repräsentiert und dementsprechend kein Dualitätsverhältnis (das die Zeichenkomposition gegen ihren Realitätsbezug ausdifferenziert) entwickelt.

III. Die erkenntnistheoretische Erweiterung der formalen triadischen Zeichenrelation

Ich hatte bereits am Schluß des ersten Teils der Untersuchung über die semiotische Repräsentation des erkenntnistheoretischen „Apriori“ die Unterscheidung zwischen semiotischen und metasemiotischen Systemen aufgegriffen und auf das Problem der methodischen Übergänge zwischen ihnen hingewiesen. Wir hatten auch darauf hingewiesen, daß es sich dabei um Übergänge handelt, die zeichenintern durch Semiosen bzw. Retrosemiosen zwischen Subzeichen innerhalb relevanter zeichenthematisierender Triaden einerseits und zeichenextern durch Generierungen oder Degenerierungen zwischen den relevanten realitätsthematisierenden Trichotomien selbst andererseits ermöglicht werden.
Damit deuten sich nun aber auch inhaltliche Erweiterungen der theoretischen Zeichenrelation an. Denn eine zeichenexterne semiotische Vermittlung zwischen den

Realitätsbezügen der metasemiotischen (z. B. linguistisch realisierten) Systeme und den Realitätsthematiken der Zeichenklassen dieser (linguistisch realisierten) semiotischen Systeme setzt selbstverständlich metasemiotisch-semiotisch operable Übergänge zwischen den (methodologisch-erkenntnistheoretischen) ausdifferenzierten Systemen voraus. Das dreistellig geordnete und fundamentalkategoriale Repräsentationsschema

FK (.1., .2., .3.)

des semiotischen Systems (der Zeichenklassen und Realitätsthematiken) muß einen *materialen, operablen* und *konstitutiven Zusammenhang* mit den metasemiotischen Prozess- und Darstellungsphasen besitzen. Präsemiotische und metasemiotische Abläufe und Konstellationen müssen also (im Prinzip) konkret und abstrakt das fundamentalkategoriale triadisch-trichotomische Repräsentationsschema rekonstruktiv repetieren (abbilden, simulieren) können. Ich erinnere aber daran, daß der semiotische Begriff der „Repräsentation" zwar der tragende Begriff der allgemeinen Vorstellung von dem ist, was wir „Erkenntnis" nennen, daß dieser jedoch nicht mit jenem zusammenfällt.

Wenn man diese Feststellung akzeptiert, kann davon ausgegangen werden, daß ein metasemiotisches System einem semiotischen System (Zeichenklasse bzw. Realitätsthematik) und umgekehrt durch ein gewisses *semiotisch-metasemiotisches Vermittlungsschema* (funktional-relationalen Typs) der „Erkenntnis" zugeordnet wird, das alle inhaltlichen Komponenten der „Erkennbarkeit" überhaupt enthält, also sowohl *Repräsentation, Information* und *Kommunikation.*

Ich bezeichne dieses dreistellige Erkenntnisschema als

Erkenntnisfunktion (Ekf) und verstehe sie als triadische *Erkenntnisrelation* (EkR)

Ekf = EkR (Rps, Inf, Kom),

die fundamentalkategorial bzw. repräsentationsschematisch gemäß

FK (.1., .2., .3.)

bzw. ZR (M, O, I)

geordnet ist.

Damit wird sowohl der Begriff der „Erkenntnis" als auch der Begriff der „Zeichenrelation" inhaltlich über den ursprünglichen Begriff hinaus erweitert. „Erkenntnis" wird zu einer dreistelligen Erkenntnisfunktion, die „Repräsentation", „Information" und „Kommunikation" einschließt; und die formale Zeichenrelation (M, O, I) wird, indem sie an Stelle von (M) die thetisch eingeführten Repräsentationsschemata im Sinne ihrer selektierbaren und kombinierbaren Subzeichen als Repertoires, an Stelle von (O) die statistische Information im Sinne der Shannonschen selektiven Information einer objektiven Quelle als Objektbezug und an Stelle von (I) die (informationstheoretische) Kommunikation im Sinne der informationellen Approximation oder Akkommodation des Empfängers an die expedientielle Information des Senders als Interpretant einführt, in die *vollständige Erkenntnisrelation*

EkR (Rps, Inf, Kom)

transformiert.

Zur genaueren semiotischen Explikation führe ich für die einzelnen Korrelate auf dem Schema der kleinen semiotischen Matrix die entsprechenden Realitätsthematiken ein:

	.1	.2	.3	.1	.2	.3	.1	.2	.3
1.	1.1	1.2	1.3	.	.	.	.	.	.
2.	.	.	.	2.1	2.2	2.3	.	.	.
3.	.	.	.	.	.	.	3.1	3.2	3.3

Zum weiteren anschaulichen Verständnis mag folgendes Graphenschema dienen, das die dreistellige Erkenntnisrelation als materiales Repräsentationsschema Kanal (Rps), als objektbezogenes Informationsschema der expedientellen Quelle (ω) und als konnexives Kommunikationsschema des interpretierenden Bewußtseins (β) präsentiert:

Inf.-ZR(Rth)		Kom-ZR(Zkl)
	mat. Rps-Kan.	
mat. Wt.	⟼	int. Bw. (emp. Daten)
Exp.		Perz.
int. Wt.	⟻	int. Bw. (theor. ZR)
Perz.	int. Rps-Kan.	Exp.

In diesem Schema bedeutet „Inf.-ZR(Rth)" die Realitätsthematik der Information, „Kom.-ZR(Zkl)" die Zeichenklasse der Kommunikation, „mat. Rps.-Kan." der materiale Repräsentationskanal, „Exp." und „Perz." heißt Expedient und Perzipient und „Wt." bzw. „Bw." Welt und Bewußtsein.
Das Matrizenschema deutet an, wie die Realitätsthematiken bzw. ihre dualen Zeichenklassen den einzelnen Phasen des dreiphasigen Erkenntnisprozesses im Graphenschema entsprechen; dabei fungiert die geordnete Menge der Subzeichen der semiotischen Matrix (der

Hauptzeichenklassen und ihren Vollständigen Realitätsthematiken) in der nicht-auseinandergezogenen Form als „erstheitliche" der Einführung des selektiven Repertoires der semiotischen Repräsentationsschemata des Erkenntnisverlaufs.
Jede *theoretische Thematisation* der „Realität" wird dadurch fundamentalkategorial konstituiert; d. h, jede *Erkennbarkeit* der Realität enthält im Prinzip die explizierten drei Phasen des Erkenntnisbezugs (Rps, Inf, Kom) und die entsprechenden semiotischen, informationellen und kommunikativen Begriffsbestimmungen. Nicht übersehen werden darf selbstverständlich, daß das Graphenschema der dreiphasigen Erkenntnisprozedur das semiotisch-informationell-kommunikative Vollständige Schema der Erkenntnis zugleich als ein generelles *Dualitätssystem* demonstriert.
„Realität" ist also kein *einheitlicher* Begriff. Faßt man ihn einheitlich auf, ist er, wie Bernays in seinen Kantstudien bemerkt, kein wissenschaftlicher Begriff. Erst mit seiner differentiellen, analysierbaren, klassifizierbaren und operablen Bedeutung gewinnt er einen wissenschaftlichen Sinn, und das ist offensichtlich in seiner semiotisch-fundamentalkategorialen Explikation im Rahmen der Theorie der triadisch-trichotomischen Zeichenrelationen der Fall. Hier werden bekanntlich zehn (triadische) Zeichenklassen postulierbar, aus denen zehn duale Realitätsthematiken ableitbar sind, denen wiederum zehn *Realitätsbegriffe,* drei homogene und sieben komplexe, entsprechen, wie es das bekannte vollständige Schema der Zeichenklassen, das ich hier noch einmal anführe, zeigt:

Zkl:				Rth:			triad. Entität
3.1	2.1	1.1	x	1.1	1.2	1.3	M-them M (V.M.)
3.1	2.1	1.2	x	2.1	1.2	1.3	M-them O
3.1	2.2	1.2	x	2.1	2.2	1.3	O-them M ·

3.2 2.2 1.2 x 2.1 2.2 2.3 O-them O (V.O.)
3.1 2.1 1.3 x 3.1 1.2 1.3 M-them I
3.1 2.2 1.3 x 3.1 2.2 1.3 M-O-them I
3.2 2.2 1.3 x 3.1 2.2 2.3 O-them I
3.1 2.3 1.3 x 3.1 3.2 1.3 I-them M
3.2 2.3 1.3 x 3.1 3.2 2.3 I-them O
3.3 2.3 1.3 x 3.1 3.2 3.3 I-them I (V.I.)

Unter diesen Voraussetzungen läßt sich m. E. von einer Verschiebung (Transition) der thematisierten Realitäten in jeder Theorienbildung sprechen, vor allem in naturwissenschaftlichen Theorien. Diese Verschiebung reicht von der Vollständigen Realität des Mittels (M) über die Vollständige Realität des Objekts bis zur Vollständigen Realität des intelligiblen Interpretanten (Bewußtseinsrealität) und läuft natürlich über alle sieben inhomogenen und komplexen „Zwischenrealitäten". Diese Zwischenrealitäten haben sich insbesondere für die zehn Realitätsthematiken der Mathematik und für die dualinvariante Zeichen (Realitäts)-Thematik des „Apriorischen" und des „ästhetischen Zustandes" als charakteristisch erwiesen. Für die philosophische Grundlegung der Mathematik interessiert darüber hinaus die Tatsache, daß nun die immer wieder einmal auftretende Platonismusdiskussion zwischen einem (bei Curry als „morphologisch" eingeführten Medien-Platonismus M-them (math.) O: 2.1 1.2 1.3, einem (platonisch-euklidisch auf „Zirkel und Lineal" reduzierten) Real-Platonismus O-them (math.) I: 3.1 2.2 2.3 und einem (an Hilbert, Russell, Bourbaki, Bernays orientierten) Formal-Platonismus I-them (math.) O: 3.1 3.2 2.3 unterscheiden kann. Dabei sind natürlich die Übergänge zu beachten; wie z. B. bei Gödel, der sowohl real-platonistisch wie auch formal-platonistisch bestimmt werden könnte.

15. Semiotik und Naturerkenntnis

I. Die Rolle der semiotischen Repräsentationstheorie für die neuere physikalische Naturbeschreibung und ihre Realitätsthematiken

Die Semiotik im Sinne einer allgemeinen Zeichentheorie auf der Basis der Peirceschen Theorie der triadischen Zeichenrelationen und ihrer Derivate hat sich in den letzten Jahren, wie ich schon mehrfach hervorgehoben habe, zu einer ebenso abstrakt-autonomen wie applikativ-pragmatischen Disziplin entwickelt. Als eine generelle Theorie der puren *Repräsentation* (von Seiendem im Bewußtsein) bezog sie sich von Anfang an, und Peirce hatte noch die Anstöße dazu gegeben, nicht nur auf formale Probleme der Darstellung in der Logik, Axiomatik und Linguistik, sondern auch in zunehmendem Maße auf die tiefer liegenden erkenntnistheoretischen und wissenschaftstheoretischen Fragestellungen, insbesondere was die *Theorienbildung* anging. Sie verfolgte dabei nicht nur allgemeine, sondern auch spezielle Absichten, d. h. sie betraf nicht nur die Konstituierung bestimmter Einzelwissenschaften (wie etwa der Mathematik oder der Texttheorie), sondern auch den objektiven Bezug der Wissenschaft überhaupt.

Drei Intentionen oder Errungenschaften der allgemeinen Theorie der triadischen Zeichenrelationen insbesondere waren es, die es im Prinzip ermöglichten, die bezeichneten Absichten zu verfolgen und zum Ziel zu führen:

erstens durch den Übergang von der klassischen erkenntnistheoretischen Voraussetzung einer *einstelligen* höchstens zweistelligen *Objekt*-Konzeption des als „Welt" (im weitesten Sinne) „Gegebenen" oder „Erkennbaren" zu einer prinzipiell *dreistelligen* Auffas-

sung der Präsentationen und Prädikationen der erkennbaren „Welt";
zweitens dadurch, daß mit diesen analytisch erreichbaren *dreistelligen* Elementen erkennbarer Welt genau die dreistelligen *relationalen* „Gebilde" ermöglicht werden, die Peirce als „triadische Zeichenrelationen" einführte:
drittens schließlich dadurch, daß mit dieser allgemein möglichen dreistelligen (triadisch-trichotomischen) Zeichenrelation ein universales *Repräsentationsschema* gewonnen war derart, daß in dieser dreistelligen Zeichenrelation zugleich die *intensional-kategioriale* wie auch die *extensional-ordinale* Fundierung auf die *Primzeichen* („Universalcategories") der „Erstheit" (.1.), „Zweitheit" (.2.) und „Drittheit" (.3.) erfolgt und daher mit der semiotischen Repräsentation und Deskription auch eine *fundierende* Reduktion gegeben ist.
Anzuschließen ist hier natürlich noch, daß damit alle weiteren theoretischen Entitäten und Terme bzw. empirischen Begriffe „interpretierter Theorien" auf diesem universalen und fundierenden Repräsentationsschema darstellbar und diskutierbar sein müssen. Insbesondere wird jetzt die methodische Ausdifferenzierung der mit diesen interpretierten Theorien verbundenen oder in ihnen formulierten (modalen triadischen) *Realitätsthematiken* sinnvoll und kontrollierbar. Gerade dieses im logischen Aufbau der Theorien physikalischer Relevanz immer wieder vernachlässigte Problem der Unterscheidbarkeit der „Realitäten" oder „Realitätsverhältnisse" und der „vollständigen" oder „unvollständigen" Naturbeschreibung kann jetzt mit Hilfe der beiden Hauptinstrumente der Theorie der triadischen Zeichenrelationen, der *Zeichenklasse* und *Realitätsthematik*, einer Lösung zugeführt werden.
Der bisherige Begriff der (auf einem dyadischen Zuordnungssystem theoretischer und empirischer Terme begründeten) „interpretierten Theorie" ist nicht nur von C.

G. Hempel wegen seiner „zweistufigen" Konzeption als nicht ausreichend bezeichnet worden. Im semiotischen Entwurf der „interpretierten Theorie", d. h. in ihrer triadisch-trichotomischen Repräsentation, in der jede wissenschaftstheoretische oder erkenntnistheoretische Entität in einer dreistelligen Relation auf der Beziehung Zeichen-Mittel (M), Zeichen-Objektbezug (O) und Zeichen-Interpretant (I) als *eigentlicher* Erkenntnisgegenstand konstituiert wird, sind gerade die modalitätentheoretischen und ontologischen Mängel der „zweistufigen" Theorie behoben.
Was nun die bisherigen Untersuchungen zur Realitätsthematik von Theorien oder Disziplinen anbetrifft, so sind sie bisher nur in zwei Fällen zu einem gewissen Abschluß gelangt, im Falle der *Ästhetik* und im Falle der *Mathematik*. Da das Peircesche semiotische System zwischen zehn Zeichenklassen unterscheidet und daraus durch Dualisation auch zehn Realitätsthematiken ableitbar sind, besteht das eigentliche realitätsthematische Problem darin, zu zeigen, wieviel (und natürlich welche) Zeichenklassen bzw. Realitätsthematiken notwendig sind, um eine (metasemiotisch) vorgegebene intelligible Entität semiotisch zu *repräsentieren* und damit deren *thematisierte Realität* (trichotomisch in Subzeichen) zu rekonstruieren. Es konnte gezeigt werden, daß zur triadisch-trichotomischen Repräsentation der spezifischen, singulären „ästhetischen Realität" (künstlerischer Objekte) nur eine einzige Zeichenklasse bzw. Realitätsthematik notwendig ist und zwar

Zkl (äZ): 3.1 2.2 1.3 x Rth (äZ): 3.1 2.2 1.3,

also die einzige symmetrische Zeichenklasse des Systems, da Zeichenklasse und Realitätsthematik identisch sind und außerdem die einzige maximal inhomogene Realitätsthematik, da in ihr die triadischen Realitäts-

korrelate (M), (O) und (I) bzw. die Primzeichen (.1.), (.2.) und (.3.) gleichmäßig verteilt sind.
Hingegen sind zur semiotischen Repräsentation der „mathematischen Realität“ (also zur Realitätsbestimmung dessen, was den Inbegriff der theoretischen Terme bzw. idealen Entitäten der mathematischen Disziplinen ausmacht), wie es z. B. eine Analyse der Bourbakischen Konstituierung zeigt, offensichtlich alle zehn Zeichenklassen bzw. Realitätsthematiken nötig:

1) Zkl (Math): 3.1 2.1 1.1 x Rth (Math): 1.1 1.2 1.3,
•   •
•   •
•   •
10) Zkl (Math): 3.3 2.3 1.3 x Rth (Math): 3.1 3.2 3.3.

Ich habe nur die erste und die zehnte der Zeichenklassen bzw. Realitätsthematiken angegeben; denn als Formeln niederster und höchster Semiotizität bleiben sie für alle Anordnungen invariant.
Ich benutze in folgender Tabelle zur Verteilung des disziplinarischen Systems der Mathematik auf den zehn Zeichenklassen bzw. Realitätsthematiken eine provisorische Anordnung, ergänzt durch die zugeordneten mathematischen Entitäten und deren realitätsthematische Klassifikation:

Zkl		Rth	math. Ent.	Rth-Klassifikation
3.1 2.1 1.1	x	1.1 1.2 1.3	Menge von Elementen	M them. M
3.1 2.1 1.2	x	2.1 1.2 1.3	Abbildung (Funktion)	M-them. O
3.1 2.2 1.2	x	2.1 2.2 1.3	Konstante	O-them. M
3.2 2.2 1.2	x	2.1 2.2 2.3	Kategorie (algbr.)	O them. O

3.1 2.1 1.3 x 3.1 1.2 1.3	Gleichung	M-them. I
3.1 2.2 1.3 x 3.1 2.2 1.3	Zahl (N, R ect.)	Zkl-identische Rth
3.2 2.2 1.3 x 3.1 2.2 2.3	Regel	O-them. I
3.1 2.3 1.3 x 3.1 3.2 1.3	Variable	I-them. M
3.2 2.3 1.3 x 3.1 3.2 2.3	Formel	I-them. O
3.3 2.3 1.3 x 3.1 3.2 3.3	Beweis (Formales System)	I them. I

In diesem Entwurf der vollständigen triadisch-trichotomischen Repräsentation des mathematischen Systems (im Sinne aller disziplinarischen Zweige bzw. Theorien) zeigt sich mit der *ersten* Zeichenklasse bzw. Realitätsthematik die semiotische *Fundierbarkeit* der Mathematik (im Hausdorff-Bourbakischen Sinne) auf den Begriff der ,,Menge von Elementen'' bzw. auf die ,,Mengenlehre'' (als fundierende Realitätsthematik); hingegen zeigt sich mit der *zehnten* Zeichenklasse bzw. Realitätsthematik die semiotische *Begründbarkeit* der Mathematik (im Hilbertschen Sinne) als ,,Meta-Mathematik'' eines formalen axiomatisch-deduktiven Systems, speziell also auf ,,Beweistheorie''. Der entscheidende *Repräsentationswert* der ersten Intention ist die ,,Erstheit'' (.1.) bzw. das ,,Mittel'' (Mathematik als vollständige Trichotomie oder homogene Realitätsthematik ihrer Mittel); hingegen ist der entscheidende Repräsentationswert der zehnten Intention die ,,Drittheit'' (.3.) bzw. der ,,Interpretant'' (d. h. Mathematik als vollständige Trichotomie oder homogene Realitätsthematik des repräsentierenden Interpretanten). Interessant in diesem Zusammenhang ist indes noch die *sechste* Zeichenklasse bzw. Realitätsthematik der ,,Zahl'', an deren realitätsthematischer Rekonstruktion alle Repräsentationswerte, Primzeichen bzw. Realitätskorrelate gleichmäßig beteiligt sind, wodurch die Achsenstellung dieser Zeichenklasse

(3.1 2.2 1.3) und ihre Identität mit ihrer Realitätsthematik verständlich werden. Besonders bemerkenswert erscheint mir schließlich noch die Zeichenklasse bzw. Realitätsthematik der ,,algebraischen Kategorie'' (im Sinne MacLanes, Ehresmans, Lawveres), deren Realitätsthematik als vollständige Repräsentation des ,,Objektbezugs'' bzw. des Objekts des mathematischen ,,Systems'' bestimmt wurde. Damit gewinnt dieses offensichtlich seinen Objektcharakter und dessen *Objektivierbarkeit* (neben der medialen Fundierbarkeit und intelligiblen Begründbarkeit) zurück. Hinzugefügt werden muß jedoch, daß damit Lawveres Vorstellungen von der ,,Category of Categories as a Foundation for Mathematics'' zwar hohe Berechtigung gewinnt, sich aber nur auf eine Begründung der Objektbereiche der Mathematik beziehen kann, im Unterschied zur formalen axiomatischen Begründung Hilberts, deren Intention sich wesentlich auf die logische Widerspruchsfreiheit der Aussagenbereiche bezieht.
Mir schien diese ausführliche Erörterung der semiotischen Repräsentation des mathematischen Systems erforderlich, da dieses ja die wesentliche Voraussetzung der physikalischen Naturbeschreibung, wie sie von der Theoretischen Physik betrieben wird, darstellt. Insbesondere wenn es sich darum handelt, die Realitätsthematik neuerer physikalischer Konzeptionen und Theorien festzustellen, muß die Repräsentationstechnik der triadisch-trichotomischen Zeichenrelationen auf der ganzen Breite der betrachteten Disziplin berücksichtigt werden.
Um einen theoretisch einigermaßen fundierten, nach Möglichkeit auch für die kategorialen Grundlagen der gesamten Physik gültigen, abstrakten Objektbezug zu gewinnen, gehe ich von einem präsemiotischen System aus, das zweifellos die Newtonsche und darüber hinaus überhaupt die Klassische Mechanik (einschließlich La-

grange und Hamilton) in einer fundamentalkategorialen, geordneten triadischen Relation repräsentieren kann. Ich meine die für jede „mechanische Welt" determinativ vorgegebene Beziehung zwischen „Raum", „Zeit" und „Bewegung":

PräZr (R, Z, B).

Berücksichtigt man nun, daß der „Raum" (R) stets als Extension für getrennte oder koinzidente „Örter" von „Ereignissen" *iconisch*, die „Zeit" (Z) stets als Anordnung oder „Richtung" der Momente eines Ablaufs von „Ereignissen" *indexikalisch* und die „Bewegung" (B) als apperzepierbarer „Träger" von Ereignisabläufen in Raum und Zeit stets nur *symbolisch* repräsentiert werden können, so liegt es nahe, in der eingeführten präsemiotischen Relation die triadischen Korrelate (R), (Z), (B) durch die trichotomischen Korrelate Icon, Index, Symbol oder deren Primzeichen 2.1, 2.2 und 2.3 zu substituieren. Man gewinnt auf diese Weise die Realitätsthematik und damit auch die duale Zeichenklasse der oben angegebenen präsemiotischen Relation:

	Rth: (Ic, In, Sy) =	Rth: (2.1 2.2 2.3)
und	Zkl: (Rhe, In, Sin) =	Zkl: (3.2 2.2 1.2).

Wie man sieht, handelt es sich um die Realitätsthematik des vollständigen, homogenen Objektbezugs

Rth (O): 2.1 2.2 2.3

der als Hauptzeichenklasse die der „Beobachtung"

Zkl (Beob): 3.2 2.2 1.2

dual entspricht.

Für das „mechanische Weltbild“ der Klassischen Physik existiert also das *Repräsentierende Dualitäts-System* (DS (KP)):

Zkl (Bb): 3.2 2.2 1.2 x Rth (VOb): 2.1 2.2 2.3

(Bb steht für Beobachtung bzw. Beobachtungssatz, VOb für den Vollständigen trichotomischen Objektbezug und das x für die Operation der Dualisation).

Das Faktum der Vollständigkeit der Realitätsthematik besagt hier, daß im Rahmen des „klassischen Weltbildes“ die physikalische Naturbeschreibung im Prinzip abschließbar (im Sinne des Begriffs der „abgeschlossenen Theorie“ Heisenbergs) und vollständig (im Sinne einer „vollständigen“ oder „unvollständigen Naturbeschreibung“, wie sie Einstein unterschied) sein kann. Nun ist klar, daß das in der Zeichenklasse der Realitätsthematik der raum-zeitlich bestimmten Beobachtungswelt der Bewegungen fungierende Subzeichen (1.2) des Zeichenkorrelates des Mittels (M) zwar einerseits, wie gezeigt, das operable Mittel ist, um die *objektbezogene* Realitätsthematik (2.1 2.2 2.3) der mechanischen Welt aus ihrer repräsentierenden Zeichenklasse der Beobachtung (3.2 2.2 1.2) dual zu rekonstruieren, aber andererseits als Subzeichen (1.2) auch zu der (als autonome Realitätsthematik) repräsentierbaren Vollständigen Trichotomie des Mittels (M) gehören muß. Das verlangt die grundsätzliche Operationalität eines repertoiriellen Mittels. Das Subzeichen (1.2) gehört also zur vollständigen und homogenen trichotomischen Realitätsthematik des Mittels

Rth (M): 1.1 1.2 1.3

dessen repräsentierende triadische Zeichenklasse

Zkl (M): 3.1 2.1 1.1

dual gewonnen wird.
Sofern die objektbezogene bzw. objektiv prüfbare Theorie der klassischen elementaren Mechanik durch das Dualitätssystem (DS (Bws ∧ Bbs))

Rth (Bws): 2.1 2.2 2.3 x Zkl (Bbs): 3.2 2.2 1.2
(Bewegungssystem) (Beobachtungssystem)

repräsentiert wird, erweist sich dieses zugleich als von der vollständigen Trichotomie der Subzeichen bzw. von der vollständigen Realitätsthematik des repertoiriellen und operablen Mittels (1.2) abhängig, das durch das Dualitätssystem (DS (Mop ∧ Mrp))

Rth (Mop): 1.1 1.2 1.3 x Zkl (Mrp): 3.1 2.1 1.1
(operationelles Mittel) (repertoirielles Mittel)

repräsentiert und von den *objektivierbaren* Entitäten der ,,interpretierten Theorie" der Mechanik vorausgesetzt wird. Im übrigen erkennt man auch, daß die beiden Dualitätssysteme sich nur durch den Grad ihrer Semiotizität unterscheiden und daß DS (Bws∧Bbs) durch *analoge Zuordnung* generativ aus DS (Mop∧Mrp) kreiert werden kann.
Damit wird auch deutlich, daß die Mittel physikalischer Naturerkenntnis und Naturbeschreibung, und zwar sowohl als repertoiriell erkennbare wie als operationell brauchbare, stets nur auf der präsemiotischen Ebene der ,,Wahrnehmungen" vorausgesetzt, ausgewählt und präpariert werden können. Sie führen daher zunächst nur zu ,,Wahrnehmungssätzen", die (wie Peirce schon hervorhob, CP 5.186) nicht negierbar und daher nur weder ,,wahr" noch ,,falsch" sind und demnach nur *rhematisch* (3.1) eingeführt werden können, aber damit die

generative Voraussetzung der (semantisch entscheidbaren) *dicentischen* „Beobachtungssätze" der „interpretierten Theorie" der Mechanik bilden.
Ich habe bereits auf den Begriff der „interpretierten Theorie", im wesentlichen auf der Zuordnung „theoretischer" Terme zu „empirischen" mit Hilfe von Regeln beruhend, hingewiesen, den man heute vielfach in der Wissenschaftstheorie benutzt, um „Theorien" mit „Realgehalt" zu charakterisieren. Es kommt mir jetzt darauf an, solche „interpretierten Theorien" auch semiotisch zu kennzeichnen und ihr triadisch-trichotomisches Repräsentationssystem, d. h. ergänzend zu den vorstehend eingeführten Dualitätssystemen der die elementare theoretische Mechanik repräsentierenden Mittel (M) und Objektbezüge (O), auch noch das Dualitätssystem des vollständigen Interpretanten (I) zu rekonstruieren.
Zeichenklasse und Realitätsthematik des vollständigen Interpretanten sind natürlich bekannt; und wenn man die Zeichenklasse als „abstrakten Kalkül" interpretiert (was der Verwendung in einer „interpretierten Theorie" entsprechen würde) und ihre duale Realitätsthematik als semantisches Aussagen-Modell dieser Zeichenklasse, dann läßt sich das Dualitätssystem des Interpretanten (DS (sMod∧aKal) wie folgt formulieren:

Rth (sMod): 3.1 3.2 3.3 x Zkl (aKal): 3.3 2.3 1.3.

(Konkretes Aussagen-System bzw. Modell der Theorie) (Abstrakter Kalkül der Theorie)

In unserem Fall, d. h. hinsichtlich der Theorie der elementaren Klassischen Mechanik, kann man sich nun dieses Dualitätssystem des vollständigen und homogenen Interpretanten ohne weiteres aus den für diese Theorie bereits bestimmten Dualitätssystemen des vollständigen und homogenen Mittelbezugs sowie des vollständigen und homogenen Objektbezugs wie üblich *selektiv* generieren, wenn man in dieser Prozedur die Tatsache berücksichtigt, daß das Dualitätssystem des Interpretanten zugleich als das Dualitätssystem einer ,,interpretierten Theorie'' fungieren soll, deren wissenschaftliche Konstituierung schon als solche ihre (Zuordnungs-) Regeln und ihre (Darstellungs-)Formeln verlangt, die somit auch in der Prozedur der selektiven Herleitung der Zeichenklasse bzw. der Realitätsthematik des Dualitätssystems

DS (sMod∧aKa)

auftreten müssen.
Unter dieser Voraussetzung sieht das selektive (>, V) bzw. koordinative (↦, ↧) Generierungsschema für unsere ,,interpretierte Theorie'' der Mechanik folgendermaßen aus:

DS (Mrp ∧ Mop):	Zkl: 3.1 2.1 1.1	x Rth: 1.1>1.2>1.3
	(Wahrnehmung)	(Mittel)
	V V V	↧ ↧ ↧
DS (BbS ∧ BwS):	Zkl:3.2 2.2 1.2	x Rth: 2.1>2.2>2.3
	(Beobachtung)	(Beobachtungs-objekt)
.	. V	↧ .
.	.	.
.	. V	↧ .
DS (Regel.Sys):	Zkl: 3.2 2.2 1.3	x Rth: 3.1 2.2 2.3
	(Regel)	(O-them.I)
	V	↧
DS (Formel.Sys):	Zkl: 3.2 2.3 1.3	x Rth: 3.1 3.2 2.3
	(Formel)	(I-them.O)
	V	↧
DS (aKal ∧ kMod):	Zkl: 3.3 2.3 1.3	x Rth: 3.1>3.2>3.3
	(Abst.Kalkül)	(Konkr.Modell)

(Das Zeichen „>" steht hier für selektive Generierung zwischen den Subzeichen einer Trichotomie bzw. in Realitätsthematiken oder als „V" zwischen den entsprechenden Subzeichen zweier Zeichenklassen; das Zeichen „→" steht für die koordinative Generierung zwischen den Subzeichen einer Triade bzw. in Zeichenklassen oder als „↧" zwischen entsprechend koordinierten Subzeichen zweier Realitätsthematiken).

II

Ich komme nun zum zweiten Teil meiner Untersuchung. Es handelt sich um die Postulierung des semiotischen Dualitätssystems für die (im wesentlichen von Boltzmann, Gibbs und Planck stammende) allgemeine statistische Thermodynamik und insbesondere um die Bestimmung der semiotischen „Realitätsthematik", die in dieser Theorie fixiert wird.
Nach W. Pauli hat Einstein den klassischen Fall der erkenntnistheoretisch-physikalischen Realitätskonzeption beschrieben: „Es gibt so etwas wie den realen Zustand eines physikalischen Systems, das unabhängig von jeder Beobachtung oder Messung objektiv existiert und mit den Ausdrucksmitteln der Physik im Prinzip beschrieben werden kann" (Zitat in Pauli 1.). Wir haben genau diesen Fall im ersten Teil unserer Untersuchung behandelt und seine repräsentationstheoretische Realitätsthematik als *trichotomisch vollständige* und *homogene* Realitätsthematik des physikalisch *präsentierten* Objekts bzw. des Objektbezugs oder Objektivierung der klassisch-mechanischen Theorie. Pauli selbst sprach im Hinblick auf Einsteins Konzeption vom „Ideal" des „losgelösten Beobachters", was zwar deskriptiv unserer semiotischen Legitimierung nicht widerspricht, aber

die tatsächlich in der klassischen Theorie fixierten realitätsthematischen Verhältnisse als solche nicht betrifft bzw. nicht erfaßt.
In der folgenden Untersuchung der Boltzmann-Gibbsschen statistischen Thermodynamik (wie wir sie hier kurz bezeichnen) stoßen wir nun m. E. auf einen ersten Fall, wo die klassische triadisch vollständige und homogene Realitätsthematik bzw. das Ideal des „losgelösten Beobachters" ihre Relevanz verlieren.
Ich möchte zuvor das methodische Prinzip der hier intendierten semiotischen Untersuchung noch einmal als Frage, von der in jedem Fall auszugehen ist, formulieren. Also: welche definierbare *charakteristische* Entität (bzw. Zustandsgröße) der vorgegebenen Theorie muß *triadisch-trichotomisch* repräsentiert werden, damit diese Zeichenrelation sowohl die theoretischen wie auch die empirischen Daten der Gesamttheorie in deren Repräsentationsschema und in deren Realitätsthematik, kurz in deren Dualitätssystem festlegt? — Ich meine, für unsere Untersuchung ist der Begriff der „Entropie", wie er von Boltzmann durch

$$S = f(W)$$
$$S = c_1 \ln W + c_2$$

(darin S die „Entropie", ln den „Logarithmus naturalis", W die „Wahrscheinlichkeit" des thermodynamischen Zustandes des jeweiligen Systems der „Entropie", c_1 und c_2 Konstanten bedeuten)

präzisiert wurde, eine geeignete *charakteristische* Entität (bzw. Zustandsgröße), zumal sie auch mit dem anderen entscheidenden Begriff der Thermodynamik, dem der „Mikrozustände", verknüpft ist, der wiederum die „statistische" Konzeption solcher Zustände involviert.

Ehe ich zur semiotischen Determination übergehe, möchte ich jedoch die Boltzmannsche Theorie noch durch die Gibbsschen Auffassungen, die stärker die statistischen „Mikrozustände" betreffen, ergänzen.
J. W. Gibbs hat in seinen verschiedenen grundlegenden Studien zur neuen „statistischen Mechanik" in ihrer Anwendung auf Thermodynamik, insbesondere in den „Elementary principles in statistical mechanics with especial reference to the rational foundation of thermodynamics (Yale, 1902, dtsch. v. E. Zermelo 1905) Definitionen und Deskriptionen gegeben, die auch den konkreten Grund der abstrakten Vorstellungen deutlich machen, was immer für die Rekonstruktion des triadischen repräsentationstheoretischen Fundaments wichtig ist. Die von Gibbs eingeführten „Phasen" bzw. „Phasenzustände" sind danach „Mikrozustände" einer Folge von „gleichartigen Systemen", wie sie Gase darstellen. „Man kann sich eine gewisse Zahl von Systemen gleicher Art vorstellen, die sich aber hinsichtlich ihrer Anordnungen (Konfigurationen) und Geschwindigkeiten unterscheiden, die sie in einem gegebenen Augenblick besitzen, wobei aber diese Unterschiede nicht nur unendlich klein, sondern so beschaffen sein können, daß sie jede denkbare Kombination der Anordnungen und Geschwindigkeiten umfassen. Dann kann man sich die Aufgabe stellen, nicht ein besonderes System dieser Art während der Aufeinanderfolge seiner Anordnungen zu verfolgen, sondern festzustellen, wie die ganze Vielzahl von Systemen in jedem Augenblick auf die verschiedenen denkbaren Anordnungen und Geschwindigkeiten verteilt ist, wenn die Verteilung für einen bestimmten Augenblick gegeben war... Die statistischen Untersuchungen richten sich dann auf die Phasen (oder Zustände bezüglich der Anordnung und Geschwindigkeit), die in einem gegebenen System im Laufe der Zeit aufeinanderfolgen." (a. a. O.)

Damit scheint, semiotisch gesehen, das Repräsentationsschema der „Phase" realitätsthematisch als vollständiger Objektbezug oder, um G. Gallands Terminus zu benutzen, als „Objekt-thematisiertes Objekt"

Rth (O): 2.1 2.2 2.3 bzw. Zkl (O): 3.2 2.2 1.2

bestimmt, das der klassischen Objektivitätsforderung entspricht.

Man muß jedoch berücksichtigen, daß die Gibbsschen „Phasen" in jedem Falle „mikroskopische Zustände" sind, wie Planck sagt (Planck 1), also nur „mittleres Verhalten" bezeichnen können, das erstens stets nur durch *statistische Aussagen* formulierbar ist und zweitens von *unserer* Kenntnis der *Anfangsbedingungen* des in Betracht gezogenen *Systems* (der „Mikrozustände") abhängig ist. Damit ist eine Unterscheidung gegeben, die naturgemäß auch den Begriff der „Entropie" betrifft, die, wie schon angedeutet, als „Zustandsgröße" eines Systems fungiert, die (was z. B. für die „Energie" nicht gilt) „von *unserer* Kenntnis über das System abhängt" (W. Pauli, a. a. O.).

Genau dieser letzte Punkt besagt aber, daß es sich hier nicht um die Realitätsthematik eines vollständig objektivierbaren Objekts handelt, das als ein vom Beobachter losgelöstes Objekt betrachtet werden könnte. Es handelt sich hier, also bei durch „Entropie" charakterisierten „Systemen", um die nicht-homogene Realitätsthematik I-*thematisierter Objekte*

Rth (Entropie): 3.1 3.2 2.3,

deren duale Zeichenklasse natürlich durch

Zkl (Entropie): 3.2 2.3 1.3

gegeben ist.

Die Zeichenklasse bzw. das Repräsentationsschema läßt erkennen, daß hier der entscheidende Objektbezug ein konventioneller, ein thetisch eingeführter ist (2.3), wie er durch eine „Formel" gegeben wird. Tatsächlich beschreibt die für die „Entropie" angegebene Zeichenklasse die Zeichenrelation der „Formel" im allgemeinen.
Des weiteren läßt diese Zeichenklasse erkennen, daß diese Zustandsgröße „Entropie" jeweils einem entscheidbaren Kontext bzw. Interpretanten (3.2) angehören muß, der unserer Kenntnis entspricht. Daß dabei als bezeichnende Mittel (1.3) konventionelle theoretische Terme (Skalen, Maßeinheiten, statistische bzw. wahrscheinlichkeitstheoretische Werte) auftreten, versteht sich von selbst.
Damit ergibt sich also, um das noch einmal zusammenfassend zu formulieren, als Dualitätssystem der durch Entropie ausgezeichneten thermodynamischen Systeme, wenn man für die Zeichenklasse das Schema der „Formel" und für die Realitätsthematik das „I-thematisierte Objekt" der „Entropie" unterlegt,

DS (Formel ∧ Entropie):

Zkl: 3.2 2.3 1.3 x Rth: 3.1 3.2 2.3

Ich habe im ersten Teil dieser Untersuchung gezeigt, wie dieses Dualitätssystem dem Generierungsschema (V, ↧) der „interpretierten Theorie" angehört.
Ich breche jedoch hier die semiotische Analyse der thermodynamischen Grundlagen, insbesondere ihrer statistischen Konzeptionen ab, um zunächst in einem dritten Teil dieser Untersuchung die Realitätsthematik der Quanten- bzw. Wellenmechanik zu bestimmen.

III

Zum Verständnis der folgenden Ausführungen über das Problem der Realitätsthematik in der Quantenmechanik (bzw. Wellenmechanik) erinnere ich zunächst noch einmal daran, daß zur operationellen Einführung der repräsentationsschematischen triadischen Zeichenrelationen, wie sie Peirce verstand, neben der *thetischen Einführung* (⊢) noch die folgenden Operationen der *generativen* (oder degenerativen) *Selektion* (>), der *generativen* (oder degenerativen) *Zuordnung* (→), der *analogen Zuordnung* (↣) und der (semiotischen) *Dualisation* (x) fungieren. Ich hebe diese semiotischen Operationen hervor, weil sie faktische *Zeichenprozesse*, also *Semiosen* darstellen, die in die metasemiotischen Prozesse und Prozeduren der Logik, der Mathematik, der Sprachbildung, der Beobachtung, der Messung und somit auch der physikalischen Theorienbildung hineinreichen. Die Ausdifferenzierung der semiotischen Realitätsthematik einer (metasemiotisch vorgegebenen) Theorie hängt selbstverständlich auch von den im Entitätenbereich dieser Theorie interpretierbaren *Semiosen* ab.

Dabei ist der entscheidende Punkt, auch das möchte ich noch einmal hervorheben, der, daß die homogenen Zeichenklassen für (M), (O) und (I), also die Hauptzeichenklassen auf *analoger Zuordnung* (↣) d. h. auf jeweils gleichem „Stellenwert"

3.1↣2.1↣1.1
.
.
3.2↣2.2↣1.2
.
.
3.3↣2.3↣1.3

beruhen, während die dazugehörigen entsprechenden Realitätsthematiken jeweils *generativ-selektiv* gebaut sind

1.1>1.2>1.3
.
.
2.1>2.2>2.3
.
.
3.1>3.2>3.3.

Nun ist aber eine generative Zuordnung stets die *charakteristische* Semiose eines mindestens im Prinzip *diskontinuierlichen* Zustandes (wie er den Repräsentationsschemata der homogenen Haupt-Zeichenklassen zukommt), während die diesen Zeichenklassen entsprechenden homogenen Realitätsthematiken als ihre *charakteristische* Semiose eine generative Selektion aufweisen, wie sie im allgemeinen *kontinuierliche* Zustände auszeichnet.
Das bedeutet, daß die koordinierten Diskontinua durch Zeichenklassen und die selektiven Kontinua durch deren Realitätsthematiken repräsentiert werden oder daß die Zeichenklasse einer diskontinuierlichen Repräsentation die Realitätsthematik eines kontinuierlichen Zustandes präsentiert (wie er homogen durch (M), (O) oder (I) eingeführt ist).
Diese aufgewiesenen Sachverhalte werde ich jedoch erst in den weiteren Ausführungen analytisch benutzen, wenn es darum geht die inhomogenen Realitätsverhältnisse der Quanten-(Wellen-)Mechanik zu thematisieren und ihr entsprechendes Dualitätssystem festzulegen.
Indem ich nun zum speziellen Problem der semiotischen Realitätsthematik der quantenmechanischen Realitätsverhältnisse übergehe, möchte ich auf einige diesbe-

zügliche Formulierungen aufmerksam machen, die teilweise aus der bekannten Diskussion zwischen Einstein und Bohr stammen. I. A. Wheeler hat in seinem Festvortrag zum 100. Geburtstag Einsteins in Berlin noch einmal auf diese Formulierungen aufmerksam gemacht. Von Anfang an hingen die Differenzen in der Naturbeschreibung wie sie Einstein und wie sie Bohr verstand mit dem „Gebrauch des Wortes ‚Realität' zusammen". Wheeler betont, daß die Einführung des Terminus „Phänomen" durch Bohr einen Teil der quantentheoretischen Realitätsprobleme durchaus beseitigt hat, sofern man darunter einen elementaren Prozeß versteht, demgemäß ein „Elementarphänomen" erst dadurch „zu einem solchen" wird, wenn man „es beobachtet". Genau mit dieser Konzeption erweist sich aber bereits die quantenmechanisch thematisierte Realität des in der Beobachtung realisierten „Phänomens" *repräsentationstheoretisch* als ein *vermitteltes* „Phänomen" in der zugeordneten „interpretierten Theorie", d. h. als eine *inhomogene Realitätsthematik.*

Versucht man nun, zum Zwecke der Generierung der quantenmechanischen Realitätsthematik aus ihrer Zeichenklasse, die letztere aufzustellen, so muß man sich natürlich an einem charakteristischen entitätischen Bestandteil der quanten(wellen)mechanischen Theorie orientieren, der mindestens schon als (präsemiotisches) *Präsentamen* eine gewisse Dreistelligkeit im strukturalen Zusammenhang erkennen läßt und morphogenetisch zu einer triadischen Relation entwickelt werden kann, in der *Semiosen* definierbar sind. Ich finde unter diesen Voraussetzungen keinen geeigneteren Ausgangspunkt als die von W. Heisenberg bereits 1927 eingeführte „Unbestimmtheitsrelation":

$$\Delta q \Delta p \gtrsim h,$$

darin p den Impuls (Masse mal Geschwindigkeit), q den Ort des Partikels, h das Plancksche Wirkungsquantum und Δ die Genauigkeitsbereiche für p und q bezeichnen. Die Beziehung gilt für jeden einzelnen Freiheitsgrad, sie gibt in jedem Falle „die Grenzen an, bis zu denen die Begriffe der Partikeltheorie angewendet werden können". (W. Heisenberg 1. p. 9 ff.)
Das physikalisch vorgegebene präsemiotische, relationale Tripel (rT)

$$rT((p,q), (\Delta), h\nu)$$

genügt dem semiotischen Repräsentationsschema der triadischen Zeichenrelation

$$ZR(M, O, I),$$

wenn man (M) als „Matrizenschema" für p und q (1.3) (O) im Sinne von $\Delta q \Delta p$ als Grenzbereich für ein anschauliches Partikelbild (2.1) und (I) als h im Sinne von $\varepsilon = h\nu$ bzw. $E_1 - E_2 = h\nu$ (3.1) versteht. Damit wäre also die Zeichenklasse für die quantenmechanische „Unbestimmtheitsrelation" durch

$$Zkl(QU):3.1 \rightarrow 2.1 \rightarrow 1.3$$

gegeben. Die (durch Dualisation) sich daraus ergebende *inhomogene* Realitätsthematik (der empirisch-experimentell zugängigen) Quantenverhältnisse wäre dann

$$Rth(QU):3.1 \leftarrow 1.2 > 1.3.$$

Unter den zehn möglichen Realitätsthematiken wird diese als *mittelthematisierter Interpretant* (M-them I) bezeichnet. Er entspricht damit repräsentationstheoretisch, wie man der Tabelle für die Realitätsthematiken

der Mathematik (auf Seite 225 dieser Untersuchung) entnehmen kann, der Realitätsthematik der „Gleichung“ als solcher, was zu erwarten war.
Die Zeichenklasse der „Unbestimmtheitsrelation“ Zkl: 3.1→2.1→1.3 kennzeichnet nicht (wie beim vollständigen und homogenen Objektbezug: 2.1>2.2>2.3) eine „Beobachtung“ Zkl: 3.2→2.2→1.2. Allerdings auch keine pure „Wahrnehmung“ Zkl: 3.1→2.1→1.1 wie bei der perzeptiven Anwendung eines homogenen Mittels: 1.1>1.2>1.3. Der quantenmechanische Begriff der „Beobachtung“, der, wie schon gesagt, auf das beobachtungserzeugte „Phänomen“ bezogen ist, stellt auf der relationalen Ebene der triadischen Repräsentation einen generativ erreichbaren Prozeß der *realisierenden Thematisation* zwischen Wahrnehmung und Beobachtung (rTm) dar, der gewissermaßen als *semiosisches Moment* thetisch in die quantenmechanische Theorie eingeführt wurde (vgl. Heisenberg 1, p. 9—11, 48).
W. Heisenberg u. a. haben überdies im Zusammenhang mit dem (inhomogenen) quantenmechanischen Realitätsbegriff auch auf die alten Schwierigkeiten einer scharfen Trennung zwischen dem erkenntnistheoretischen Subjektbereich und dem erkenntnistheoretischen Objektbereich hingewiesen. Die Forderung einer solchen Ausdifferenzierung ist zweifellos schon ein erkenntnistheoretischer Irrtum. Diese erkenntnistheoretischen Entitäten sind höchstens relativ zu unterscheiden, und in den Mikrobereichen wird natürlich eine objektiv objektsetzende Unterscheidung immer schwieriger. In den „interpretierten Theorien“ wird sie nach Maßgabe der Divergenz zwischen den aufgewendeten Mitteln und den Objektbezügen relativiert. Aber jede Relativierung hat nur dann einen (dicentischen) Aussagengehalt, wenn man (metasemiotisch) die raum-zeitliche Trenndistanz oder (semiotisch) die repräsentierenden Subzeichen-Übergänge kennt. Für die triadisch-tricho-

tomischen Repräsentationsschemata besteht das extern orientierte Divergenzproblem jedoch nicht mehr. Es ist von vornherein in die interne Konstituierung der Zeichenrelationen verlagert und hier selektiv und koordinativ gelöst.
Doch möchte ich wieder zu spezielleren Problemen zurückkehren.
Gehen wir zunächst davon aus, daß die Zeichenklasse der „Unbestimmtheitsrelation" (Qu) die Realitätsthematik des Beobachtungs-„Phänomens" (Bph) repräsentiert, dann existiert auf der quanten- und (wie man hinzu setzen muß) wellenmechanischen Ebene das semiotische *Dualitätssystem*

$$DS_{QM}(QU \wedge BPh): Zkl: 3.1 \rightarrowtail 2.1 \mapsto 1.3 \times Rth: 3.1 \mapsto 1.2 > 1.3,$$

durch das die bekannten, von Bohr, Heisenberg und auch Schrödinger als *prinzipielle* und *charakteristische* Präsentationsmomente der quanten-wellenmechanischen Ebene aufgedeckten „Komplementaritäten" repräsentationstheoretisch *fundiert* werden können (N. Bohr 1, Heisenberg 1, p. 48, Schrödinger 1). Bohrs Schema zeigt die Komplementaritätsverhältnisse auf der metasemiotischen physikalischen Ebene:

Klassische Theorie	Quantentheorie		
	Entweder		Oder
Raum-Zeitbeschreibung	Raum-Zeitbeschreibung	Statistische Zusammenhänge	Mathematisches Schema nicht in Raum und Zeit
Kausalität	Unbestimmtheitsrelationen		Kausalität

Bemerkenswert ist zunächst, daß die klassischen Verhältnisse durch die völlige Verträglichkeit der Raum-Zeitbeschreibung mit dem Schema der Kausalität schematisiert wird. Dadurch wird auf der Ebene der triadischen Zeichenrelation die Repräsentation durch die Zeichenklasse (3.2 2.2 1.2) der Realitätsthematik (2.1 2.2 2.3) des Vollständigen Objektbezugs möglich, wie wir es im ersten Teil dieser Untersuchung feststellen konnten. Dieses Vollständige Objekt ist eine *vollständige Naturbeschreibung* im Einsteinschen Sinne bzw. eine *homogene Realitätsthematik* im Sinne der semiotischen Repräsentationstheorie. Nur im Rahmen der *homogenen* Realitätsthematik eines solchen *vollständigen* (Welt-) Objekts, wie es die klassische Physik postulieren kann, ist natürlich auch eine „diskrete Ontologie", wie sie von G. Hasenjaeger logistisch definiert und eingeführt wurde, sinnvoll fixierbar. Ich hebe das hervor, weil nur dieses klassisch thematisierte physikalische (Welt-)Objekt, das zugleich eine iconische (2.1), indexikalische (2.2) und symbolische (2.3) Relation besitzt, die generativ-selektiv transformierbar sind, in Differentialgleichungen, also stetig beschreibbar ist und somit ein (physikalisches) *Kontinuum* darstellt. Diesem Kontinuum (2.1>2.2>2.3) entspricht aber eine generativ-koordinative Zeichenklasse (3.2→2.2→1.2) der Beobachtung, die infolge des Zuordnungsschemas nur ein *Diskontinuum* repräsentieren kann. Mit anderen Worten, und ich habe das im ersten Teil dieser Arbeit auch schon gesagt, ist die klassische *vollständige, homogene* und *objektive* theoretische Naturbeschreibung auf ein triadisch-trichotomisches *Dualitätssystem* semiotischer Art *fundierbar*, in welchem der Übergang von der Zeichenklasse zur Realitätsthematik dem Übergang aus dem Diskontinuum in das rekonstruierbar dazugehörende Kontinuum entspricht. Die Frage wird sein, und ich habe sie bei Erörterung des Repräsentationsschemas der Boltzmann-Gibb-

schen Thermodynamik schon gestreift, wie die zeichentheoretischen Fundierungsverhältnisse, insbesondere die Divergenz zwischen der diskontinuierlich gebauten Zeichenklasse und der kontinuierlich rekonstruierbaren Realitätsthematik des klassischen Falls sich verändert, wenn man, wie im Rahmen der Quanten-(Wellen)-Mechanik, auf eine *inhomogene* Realitätsthematik stößt, die von einer irregulären Zeichenklasse (Nebenzeichenklasse) abhängt und mindestens scheinbar eine *unvollständige* theoretische Naturkonzeption involviert. Doch zuvor noch einen weiteren Blick auf Bohrs Schema. In ihm wird sehr scharf zwischen der vorstehend angesprochenen „Klassischen Theorie" und der „Quantentheorie" (als der nichtklassischen) unterschieden. Diese nichtklassische Quantentheorie besitzt aber nach Bohr offenbar zwei theoretische Möglichkeiten der „Interpretation": Setzt man eine Raum-Zeitbeschreibung an, muß man im mikrophysikalischen Bereich „Unbestimmtheitsrelationen" zulassen, also kausale Determination vernachlässigen; läßt man hingegen die vollständige kausale Determination zu, dann muß man die klassische (realistische) Art der Raum-Zeitbeschreibung vernachlässigen und sie durch ein rein „Mathematisches Schema" ersetzen.
Man kann daran denken, in diesem Falle repräsentationstheoretisch die Zeichenklasse (Zkl (Qu): 3.1→2.1→1.3) unseres quantenmechanischen Dualitätssystems Ds_{QM} durch die Zeichenklasse einer strengen kausalen Determination (Zkl (Qdt): 3.1→2.2→1.3) zu ersetzen. Dann gewinnt man als charakteristisches Repräsentationsschema der zweiten theoretischen Interpretation der „Quantentheorie" das Dualitätssystem

Ds_{QM} (Qdt∧bph): Zkl: 3.1→2.2→1.3 x Rth: 3.1→2.2→1.3.

Dieses Dualitätssystem ist dadurch ausgezeichnet, daß

seine Zeichenklasse offensichtlich mit der Realitätsthematik voll identisch ist. Weiterhin hat es die Eigenschaft, daß alle drei fundamentalkategorialen Primzeichen Erstheit (.1.), Zweitheit (.2.) und Drittheit (.3.) gleich verteilt vorkommen. Die zeichenklassische Realitätsthematik ist also eindeutig. Sie kann evident als

M + O thematisierter Interpretant

bezeichnet werden.

Bemerkenswert ist aber vor allem, daß dieses maximal inhomogene zweite Dualitätssystem der Quantentheorie, wie unserer Tabelle der Zeichenklassen der Mathematik im ersten Teil dieser Abhandlung entnommen werden kann, zugleich das Dualitätssystem der „Zahl" (bzw. des Zahlbegriffs im generellen Sinne) ist. Damit ist es legitim, diese zeichenklassen-identische Realitätsthematik bzw. dieses zeichenklassen-identische Dualitätssystem auch als *zeichenthematisierten Interpretanten* (Zr-them I) zu verstehen und zu bezeichnen. Zugleich muß ich aber hinzufügen, daß der semiotische Repräsentationszusammenhang zwischen der Realitätsthematik des *mittelthematisierten Interpretanten* (3.1 1.2 1.3) der ersten quantentheoretischen Interpretation im Bohrschen Schema und der Realitätsthematik des *zeichenthematisierten Interpretanten* (3.1 2.2 1.3) offensichtlich sehr eng ist.

Die beiden entwickelten Dualitätssysteme (die ich vereinfacht hinschreibe) lassen sich ohne weiteres wie folgt semiotisch auseinander generieren, und zwar in den Zeichenklassen durch Selektion von 2.2 aus 2.1 und in den Realitätsthematiken durch analoge Zuordnung von 1.2 zu 2.2:

$\overset{1}{Ds_{QM}}$: 3.1 2.1 1.3 x 3.1 1.2 1.3 : M-them I
V
$\overset{2}{Ds_{QM}}$: 3.1 2.2 1.3 x 3.1 2.2 1.3 : Z-them I.

Heisenberg hat (in Heisenberg 1) eine Bemerkung gemacht, die den Begriff des beobachtungsabhängigen „Phänomens" betrifft und die fast schon eine Kommentierung des Mittelthematisierten Interpretanten bedeutet. „Durch diese Komplementarität der Raum-Zeitbeschreibung einerseits und der kausalen Verknüpfung andererseits tritt ferner eine eigenartige Unbestimmtheit des Begriffs Beobachtung auf, indem es der Willkür anheim gestellt bleibt, welche *Gegenstände* man zum *beobachtenden System* rechnen oder als *Beobachtungsmittel* betrachten soll." Tatsächlich ist von einer „Beobachtung" die Rede, die keinen eindeutigen Objektbezug besitzt, sondern den Objektbezug des Mittels zu diesem selbst rechnet, also *ver-mittelt*. Zeichentheoretisch ist diese (metasemiotische) physikalische Vorstellung also durch die Tatsache legitimiert, daß der Mittelthematisierte Interpretant (3.1 1.2 1.3) zwar eine inhomogene, aber faktische Realitätsthematik repräsentiert, für die die Einsteinsche Kommentierung als „unvollständige Naturbeschreibung" natürlich unangemessen ist.
Man bemerkt weiterhin, daß für die inhomogenen Dualitätssysteme der Quantenmechanischen Konzeptionen eine scharfe Trennung zwischen diskontinuierlichen (→) und kontinuierlichen (>) Repräsentations-Zuständen oder Zeichenklassen und Realitätsthematiken wie in der klassischen Physik keine Gültigkeit mehr besitzt. Wenngleich auch die Zeichenklassen stets koordinativ-diskontinuierlich eingeführt werden, enthalten aber ihre dualen inhomogenen Fälle der Realitätsthematik neben den selektiven auch koordinative Momente. Mir scheint

aus den semiotischen Repräsentationsschemata der quanten(wellen)mechanischen Theorie die *prinzipielle Relativität* der Begriffe Kontinuität und Diskontinuität zu folgen (darüber natürlich vom Standpunkt der Mathematik an anderer Stelle noch Ergänzungen gegeben werden müssen). Hier will ich nur eine physikalische Ergänzung anführen, und zwar eine Bemerkung Schrödingers, die den wellenmechanischen Aspekt der Quantentheorie voraussetzt: „Alles hat sowohl die kontinuierliche Struktur, die uns vom Feld als auch die diskrete, die uns vom Partikel her geläufig ist" (Schrödinger 1, p. 107). Schließlich möchte ich noch bemerken, daß eine Tabelle der *Repräsentationswerte* (Rpw) (Summe der fundamental-kategorialen Primzeichenwerte einer Zeichenklasse bzw. ihrer dualen Realitätsthematik) für die Realitätsthematiken in der Theorienbildung von der klassischen bis zur quantenmechanischen Konzeption der Naturbeschreibung folgende Veränderungen zeigt:

klassische Konzeption	Rth (2.1 2.2 2.3): Rpw = 12
thermodynam. Konzeption	Rth (3.1 3.2 2.3): Rpw = 14
quantenmechan. Konzeption	Rth (3.1 1.2 1.3): Rpw = 11

Zum Vergleich führe ich noch folgende Realitätsthematiken an:

quantentheoret. Formalismus	Rth (3.1 2.2 1.3): Rpw = 12
axiomat. deduktives System	Rth (3.1 3.2 3.3): Rpw = 15
pures System der Mittel	Rth (1.1 1.2 1.3): Rpw = 9

Zwei Sachverhalte möchte ich aus dieser Übersicht besonders hervorheben: erstens, daß der Rpw der quantenmechanischen Realitätsthematik mit Rpw = 11 relativ nah an den Rpw des vollständigen Mittels heranrückt, was zum Ausdruck bringt, daß ein wesentlicher Teil der

modernen Naturbeschreibung (mittels „interpretierten Theorien") weniger objektorientiert als mittelorientiert ist; zweitens, und das ist vielleicht wichtiger, daß die Übereinstimmung des Rpw der Realitätsthematik des quantenmechanischen Formalismus und des Rpw der Realitätsthematik der klassischen Mechanikkonzeption eine repräsentationstheoretische Legitimierung des Bohrschen „Korrespondenzprinzips" (danach im Bereich großer Quantenzahlen sich aus den quantenmechanischen theoretischen Termen und Formeln klassische Begriffe und Gesetze entwickeln lassen) bedeuten kann.
Abschließend möchte ich noch auf ein paar Momente in der Entwicklung der Quantenmechanik hinweisen, die, wie ich mich ausdrücken möchte, gewissermaßen als *semiotische* Brüche innerhalb jenes metasemiotischen physikalischen Systems betrachtet werden können. Sie hängen mit den jüngeren Untersuchungen zur Quantenmechanik von Reichenbach, Teller und Landé zusammen und betreffen natürlich vor allem die Postulierung von Grundlagen. Es ist ja so, daß in metasemiotischen Systemen komplizierter Art, wie sie die quantenmechanischen Theorien darstellen, stets gewisse Schwierigkeiten auftauchen, die metasemiotisch nicht beseitigt werden können, weil es sich dabei gar nicht um metasemiotische, sondern um semiotische Probleme handelt, zu deren Lösung also ihre semiotische Formulierung auf entsprechenden Repräsentationsschemata (Subzeichen, Zeichenklassen, Realitätsthematik) nötig ist. Ähnlich wie die „gattungsspezifische" schöpferische Tätigkeit des „kompetenten Sprechers" nach Chomsky die allgemeine Eigenschaft der „creativity" der menschlichen Sprache, immer wieder neue, *originale* Sätze hervorzubringen, sichtbar macht, ohne daß sie linguistisch zu erklären wäre, weil sie auf dem (von Peirce zuerst ausgesprochenen) semiotischen Prinzip der endlosen

Iteration eines Zeichens beruht (danach jedes Zeichen zu seiner Einführung eines nachfolgenden bedarf), sind auch in der physikalischen Theorienbildung solche komprehensiven Fundierungs-Rückgriffe gelegentlich notwendig.
So hat Hans Reichenbach in „Philosophische Grundlagen der Quantenmechanik" (1949, p. 150 etc.) im Zusammenhang mit der seit Carnap üblichen Unterscheidung zwischen „Beobachtungssprache" und „quantenmechanischer Sprache", darauf hingewiesen, daß „erkenntnistheoretische Probleme" sich sehr „vereinfachen", wenn wir uns statt mit physikalischen Welten mit physikalischen Sprachen befassen. Fragen, bei denen es sich um die *Existenz* physikalischer *Größen* handelt, werden in Fragen nach der *Bedeutung* von *Sätzen* verwandelt. Reichenbach weist also deutlich auf eine Umbildung der klassischen Realitätsthematik hin, die später, 1975, u. a. von D. Finkelstein noch deutlicher bezeichnet wurde: „In quantum physics are work not with models (as of things) but with programms, codes (as actions)." (C. F. v. Weizsäcker 1, p. 17).
Reichenbach führt seine methodologische Intention, ohne dabei erkenntniskritische oder spezielle ontologische Fakten zu reflektieren, aus. Es ist evident, daß der von ihm bezeichnete Übergang von der Existenzthematik zur Bedeutungsthematik auf der Ebene der logischempirischen oder neopositivistischen Theorienbildung nicht begründet wurde und auch nicht begründet werden könnte. Nur auf der Grundlage einer tiefer liegenden und umfassenden Theorie möglicher Realitätsthematiken überhaupt kann ein Wechsel in der Realitätsthematik beschrieben und verstanden werden.
Tatsächlich handelt es sich, semiotisch gesehen, bei Reichenbach um den zeichentheoretischen Übergang von einer *objektbezogenen* zu einer *interpretantenkonstituierten Realitätsthematik* eines gewissen

Objekts (2.3). Dieser Übergang kann folgendermaßen *repräsentiert* werden: (⇓):

Zkl (Bb): 3.2 2.2 1.2 x Rth (BO): 2.1 2.2 2.3
Beobachtung Beobachtungsobjekt
⇓ ↕ V V ⇓ ⊻ ⊻ ↕
Zkl (BS): 3.2 2.3 1.3 x Rth (Bed): 3.1 3.2 2.3
Bedeutungssatz Bedeutung

Man bemerkt, daß es sich um den Übergang von einem vollständigen Objekt (2.1 2.2 2.3) zu einem interpretantenthematisierten Objekt (3.1 3.2 2.3) handelt, wie wir ihm schon als „Entropie" in der Thermodynamik begegnet sind. Zeichenklassenmäßig ist der Übergang wesentlich selektiv, realitätsthematisch wesentlich koordinativ realisierbar. Ich möchte hinzufügen, daß ähnliche Divergenzen, und damit natürlich auch Übergänge, im Rahmen der Anwendung der wahrscheinlichkeitstheoretischen Begriffe auftreten. Es ist schon oft auf den Unterschied zwischen einem aussagen-bezogenen (und damit wahrheitswert-relevanten) und einem ereignis-bezogenen (und damit häufigkeits-relevanten) Wahrscheinlichkeitsbegriff hingewiesen worden. Ersterer wird gern als *logische* oder logistische (Reichenbach 2), der zweite auch als *statistische Interpretation* bezeichnet (v. Mieses 1). In die gleiche Richtung hat O. Becker (Becker 1) unser Verständnis hinsichtlich der „Modalitäten" bzw. der „Modalitätentheorie" gelenkt, indem er zwischen *logischen* und *ontologischen* Modi unterscheidet. Auch die logischen Modi, für die Becker selbst formale Systeme entwickelt hat, gelten natürlich im Bereich der Sätze bzw. der Satzfunktionen, während die ontologischen Modi, die er insbesondere N. Hartmanns ontologischen Untersuchungen zuordnet, vorwiegend für Dinge, Ereignisse ect. gelten sollen. Sowohl die Divergenz in der Konzeption der „Wahrscheinlichkeit" wie die im Rahmen der „Modalitäten" beschriebenen Dualitäten, die auf *fundierende* semiotische Dualitätssysteme zurückführbar sind. Überdies hat O. Becker (a. a. O.) auch darauf aufmerksam gemacht, daß die ontologischen Modalitäten eher dem statistischen als dem logistischen Wahrscheinlichkeitsbegriff entsprechen: „Hartmann hat keine Sätze, sondern Dinge, Ereignisse, ideale Gegenstände und ihre Beziehungen im Auge, wenn er von Möglichkeit, Wirklichkeit, Notwendigkeit und Zufälligkeit redet. Deshalb ist, wenn man die mathematischen Gebiete heranzieht, seinem Gesichtspunkt viel eher der Standpunkt der Wahrscheinlichkeitsrechnung verwandt als der logistische Standpunkt. Denn auch in der Wahrscheinlichkeitsrechnung spricht man von der Möglichkeit und Notwendigkeit (Gewißheit) des Eintretens von Ereignissen usw." Wieweit die Theorie der epistemisch „kontingenten Aussagen", „Metaaussagen" und „Wahrscheinlichkeitsaussagen", die E. Scheibe 1964 im Rahmen einer größeren quantenmechanischen Untersuchung publizierte, durch eine kategoriale Fundierung auf der repräsentationstheoretischen Ebene der triadisch-trichotomischen Zeichenrelation noch gestützt und vertieft zu werden vermag, kann hier noch nicht entschieden werden, wenngleich die durchgeführte Unterscheidung zwischen epistemischen und ontischen Aussagen (in der Theorienbildung), insbesondere der Quantentheorie eine Theorie der unterscheidbaren Realitätsthematiken als Basistheorie nahelegt.

Auf eine gänzlich andere semiotische Basisbetrachtung verweisen quantenmechanische Überlegungen, die A. Landé 1953 unter dem Titel „Continuity, a Key to Quantum Mechanics" veröffentlichte (Landé 1). Landé, damals in Tübingen, hatte bereits 1926 zu den neuen Wegen der Quantentheorie, d. h. zu ihrer Entwicklung zur Quantenmechanik Stellung genommen (Landé 2). Seine

Darlegungen betrafen damals vor allem die Frage, welche Vorschrift die ausschließlich *beobachtbaren* Eigenschaften eines Atoms (also Zustandsgrößen seiner Energien, Strahlungsfrequenzen, Intensitäten) miteinander verknüpfte. Es ist evident, daß nur bei Voraussetzung einer solchen *Verknüpfung* die Realitätsthematik des Atoms definiert und jeweils beschrieben werden kann. Darüber hinaus ist damit das fundamentalkategoriale Schema der *Kreativität*, das Peirce in einem noch unveröffentlichten Manuskript (310, 1903) aufgezeichnet hat und das selbstverständlich auch eine zeichentheoretische Funktion besitzt, erfüllt. Dieses Kreativitätsschema ist (wie bei Leibniz in der „Theodizee") selektiv-koordinativ mit den fundamentalkategorialen Primzeichen vorgegeben:

.3.↘
↑.2.
.1.↗

Darin bedeuten .3. die „Thirdness" bzw. das Verknüpfungsgesetz, .1. die „Firstness" bzw. das oder die realmöglichen Repertoires der Realisierung und .2. die „Secondness" bzw. die faktisch realisierte Entität. Dieses allgemeine kreative Schema kann natürlich spezialisiert angewendet werden, wobei, will man die semiotischen Verhältnisse gewinnen, selbstverständlich die trichotomischen Subzeichen der triadischen Korrelate .1. (M), .2. (O) und .3. (I) je nach repräsentierter Entität eingesetzt werden müssen. Dabei müssen allerdings auch die Anordnungsverhältnisse der triadischen Zeichenklassen oder der trichotomischen Realitätsthematiken berücksichtigt werden. So ist z. B. die generative Folge der Selektierbarkeit eines vollständigen Mittels mit der Realitätsthematik Rth (M): 1.1 1.2 1.3 in der experimentellen Rekonstruktion eines ausschließlich beobachtbaren Sachverhaltes durch das Kreativitätsschema

$$\begin{array}{l} 1.3\searrow \\ \uparrow 1.2 \\ 1.1\nearrow \end{array}$$

bestimmt. Hingegen erfolgt die semiotische Rekonstruktion eines vollständigen Beobachtungsobjektes (wie das für Messungen in der klassischen Experimentalphysik gefordert wird) gemäß dem erzeugenden Schema

$$\begin{array}{l} 3.2\searrow \\ \uparrow 2.2 \\ 1.2\nearrow \end{array}$$

d. h. durch selektiv-analoge Koordination, wobei 3.2 das wirksame physikalische Naturgesetz, 1.2 die singulären Mittel, aus denen das vollständige und homogene Beobachtungsobjekt realisiert werden kann, und 2.2 eben dieses indexikalisch realisierte Beobachtungsobjekt repräsentieren.
Kehren wir nun zu Landés Arbeit zurück, die m. E. am frühesten und am deutlichsten gerade die semiotisch zugängigen Repräsentationscharaktere der Quantenmechanik erkennbar formuliert hat. Zur Postulierung der triadischen Zeichenrelation für die Zeichenklasse bzw. Realitätsthematik der Grundkonzeption der Quantenmechanik gehe man von Landés Formulierungen aus (die natürlich Bohrs und Heisenbergs Einführungen voll entsprechen).
Das repertoirielle Mittel (M) des Repräsentationsschemas wird durch das „Gesamtsystem" der „harmonischen virtuellen Oszillatoren" klassischer Emission gegeben; dieses „Gesamtsystem" fungiert, wie Landé bemerkt, als „Ersatzbild für den mechanisch nicht faß-

baren Quantenoszillator selbst". Das theoretische und realitätsthematische Repertoire der Quantenmechanik kann also, berücksichtigt man die (strahlenden) Übergänge zwischen zwei Quantenzuständen m und n, durch die Matrixen für q (die Koordinaten) und p (die Impulse) gegeben werden:

„.1." (M) q = q(1,1) q(1,2) q(1,3) ...
q(2,1) q(2,2) q(2,3) ...
q(3,1) q(3,2) q(3,3) ...

p = p(1,1) p(1,2) p(1,3) ...
p(2,1) p(2,2) p(2,3) ...
p(3,1) p(3,2) p(3,3) ...

(1,2,3 bezeichnen hier keine semiotischen Primzeichen, sondern Numeri für Quantenzahlen)

Als semiotischer Objektbezug dieses repertoiriellen Mittels kann nun offensichtlich die Energie W_k des Quantenoszillators im Zustand k angesehen werden, wie sie nach Heisenberg aus den Koordinaten q (n, m) und den Impulsen p (n, m) berechenbar ist, wenn man voraussetzt, daß die Bohrschen Frequenzbedingungen

$$\nu(m, n) = \nu_m - \nu_n = \frac{W_m}{h} - \frac{W_n}{h}$$

(bzw. die späteren Heisenbergschen Quantenbedingungen) gültig sind und als semiotischer Interpretant (I) fungieren können.
Drei Überlegungen scheinen jetzt notwendig zu werden. Erstens die Berücksichtigung der Tatsache, daß die Quantenvorstellung (Quantentheorie und Quantenmechanik) im Prinzip weniger auf *Zustände* als vielmehr auf *Übergänge* bezogen ist. Dem kann in der semiotischen Repräsentation dadurch Rechnung getragen werden,

daß man jene Vorstellung nicht (in der bereits angegebenen) Form des triadisch-trichotomischen Dualitätssystems aus Zeichenklasse und Realitätsthematik postuliert, sondern dazu das, wie gesagt, von Peirce angegebene Erzeugungs- oder Kreativschema benutzt. Das bedeutet jedoch zweitens, zu berücksichtigen, daß man auch dieses kreative Schema sowohl auf dem relationalen Schema der Zeichenklasse als auch auf dem relationalen Schema der Realitätsthematik darstellen kann und muß. Drittens schließlich ist zu entscheiden, ob man in diesen Überlegungen auf die (vor allem experimentell orientierte) Unbestimmtheitskonzeption der Quantenmechanik oder auf den (natürlich theoretisch orientierten) quantenmechanischen Formalismus abstellt. Der Bezug auf den quantenmechanischen Formalismus bietet den Vorteil, daß er durch eine Zeichenklasse (3.1 2.2 1.3) repräsentiert werden kann, die mit ihrer dualen Realitätsthematik (3.1 2.2 1.3) übereinstimmt, so daß also auch das Kreationsschema in beiden Fällen das gleiche ist. Ich postuliere daher als semiotisches Kreationsschema des quantenmechanischen Formalismus (KQF):

KQF:

$$\begin{array}{l} 3.1 \searrow \\ \updownarrow \; 2.2 \\ 1.3 \nearrow \end{array}$$

Unter dem Gesichtspunkt der speziellen Bezüge auf die quantentheoretischen Entitäten ergibt sich daraus

KQF:

$$\begin{array}{l} 3.1 \; (\nu_m - \nu_n = \frac{W_m}{h} - \frac{W_n}{h}) \searrow \\ \updownarrow \qquad\qquad\qquad\qquad\qquad 2.2 \; (W_k) \\ 1.3 \; (|p| \, |q|)_{mn} \nearrow \end{array}$$

Nun zeigen sich in jüngeren Überlegungen zum theoretischen System der Naturerkenntnis und der Naturkon-

stitution nicht nur spezielle semiotische Möglichkeiten für die Beschreibung, sondern auch generelle, ins Prinzipielle vorstoßende und vor allem *generative* und *degenerative* Momente der konzeptionellen und kompositionellen Vorstellungen betreffende Ansätze der theoretischen Entwicklung, die als eine erweiterte Annäherung der logisch-mathematischen Theorienbildung an die semiotisch-repräsentationstheoretische Grundlagenbildung aufgefaßt werden können. Ich beziehe mich hier auf einige grundsätzliche Bemerkungen, wie sie (in Deutschland) z. B. bei H. Schopper (1969) und F. Hund (1979) zu finden sind. Es handelt sich um Überlegungen zur *Symmetrie* und *Unsymmetrie* des sogenannten „Weltganzen".
H. Schopper betrachtet in seiner Untersuchung über „Die Symmetrieprinzipien in der Physik" die vier „Kraftwirkungen" bzw. „Wechselwirkungen", wie sie heute als entscheidende klassifiziert werden: Gravitation, Elektromagnetismus, Kernkraft und die „schwache Wechselwirkung". Er konstatiert, daß diese Kraftwirkungen jeweils mit „Erhaltungssätzen" (z. B. ist die elektrische Gesamtladung eines „Systems" konstant) verbunden sind und diese wiederum jeweils ein gewisses *Symmetrieprinzip* demonstrieren (z. B. erfüllen die Kernkräfte das Prinzip der Konstanz der Zahl der Protonen plus Neutronen im „Weltganzen"). Bemerkenswert für die *repräsentationstheoretische* Betrachtung ist nun, daß Schopper die (physikalischen) *Beobachtungsergebnisse* mit Hilfe (physikalischer) *Gesetzmäßigkeiten* in ein *Ordnungsschema* gebracht denkt, das unterlegt, also *fundierend* ist und somit den Rang einer *repräsentierenden* (nicht präsentierenden) *Ordnungsrelation* besitzt. Im Falle der vier „Kraftwirkungen" und ihrer „Erhaltungssätze" handelt es sich um Symmetrierelationen. Schopper vermutet daher, daß ganz allgemein die „Naturgesetze" in ihrer Konkordanz und Kohärenz

durch *fundierende* Symmetrien bestimmt bzw. zusammengehalten werden. Diese Symmetrien sind als thetisch eingeführte und fundierende *Ordnungsrelationen,* da sie durch *Abstraktion* (>) und *Koordination* (↦) gebildet werden, kategorial und universal wirksam und somit als triadische Repräsentations- bzw. Zeichenrelationen

$$ZR_{Sy}: (M_{Sy}, O_{Sy}, I_{Sy})$$

bzw. triadische Fundierungs- bzw. Primzeichenrelationen

$$PZR_{Sy}: (.1.\ .2.\ .3.)$$

zu legitimieren.
Die Primzeichenrelation definiert ihre 9 Subzeichen bekanntlich durchaus nach der Cayleyschen Matrix wie folgt

	.1	.2	.3
1.	1.1	1.2	1.3
2.	2.1	2.2	2.3
3.	3.1	3.2	3.3

In dieser Primzeichen- bzw. Kategorientafel ist gemäß dem Peirceschen Schema zur Zeichenklassenbildung zwar die Nebendiagonale (1.3 2.2 3.1) eine Zeichenklasse (nämlich die der „Zahl" als solcher), aber nicht die Hauptdiagonale (1.1 2.2 3.3). Ich habe schon früher darauf hingewiesen, daß diese in der Hauptdiagonalen der semiotischen Matrix gegebene vollständige Trichotomie der Peirceschen Fundamentalkategorien als solche nur *präsentierend* (nicht repräsentierend) fungiert, d. h. als Präsentamen für jedes beliebige Repräsentationsschema bzw. jede Zeichenklasse. Sie könnte als fundamentalkategoriale *Einheitsmatrix* oder auch als repräsentationsschematische *Fundamentalmatrix* bezeichnet werden (Pap. 7, 1976)

Diese Hauptdiagonale der fundamentalkategorialen Subzeichenbildung (1.1 2.2 3.3) hat mit ihrer Nebendiagonalen (3.1 2.2 1.3), also der fundamentalkategorialen Zeichenklasse der „Zahl" als solcher die Eigenschaft der zahlenmäßigen Gleichfrequenz der Fundamentalkategorien als solcher gemeinsam; jede Fundamentalkategorie kommt zweimal vor, und zwar jeweils einmal als Hauptwert und einmal als Stellenwert. Das hauptdiagonale Präsentationsschema (1.1 2.2 3.3), das keine Zeichenklasse, nur eine Ordnungsrelation darstellt, ist in der Folge der Sub-Kategorien *generativ,* aber in deren Inversion *degenerativ* geordnet, während die einzelnen Sub-Kategorien als solche invariant sind gegenüber der Inversion. Das nebendiagonale Repräsentationsschema der Zeichenklasse der „Zahl" bzw. des „Zeichens" als solchem ist richtungsinvariant gegenüber ihrer Inversion, während die einzelnen (sub-kategorialen) Subzeichen in dieser semiosischen Operation jeweils den Hauptwert mit dem Stellenwert vertauschen, so daß in dieser Zeichenklasse die (zeicheninterne) fundamentalkategoriale *Symmetrie* der *Repräsentationen* erhalten bleibt. Die (zeicheninternen) *Semiosen* der subkategorialen Matrix zeigen, wenn man sie auf ihre beiden semiosischen Operationen der „Selektion" (>) und der „Koordination" (↦) reduziert, das Graphenschema der Symmetrienbildung relativ zur Hauptdiagonale an.

	.1	.2	.3
1.	1.1	>	>
2.	>	2.2	>
3.	>	>	3.3

Dieses Graphenschema der auf dem System der Subzeichen der semiotischen Matrix fungierenden *Semiosen*

läßt, da diese Matrix wie gesagt der Cayleyschen *Gruppentafel* konstruktiv entspricht, deutlich erkennen, daß die *Gruppeneigenschaft*, durch die *Symmetrieeigenschaften* mathematisch beschrieben werden können, in ihrem Repertoire beliebiger Elementenmengen neben „Zahlen“ und „Transformationen“ (wie sie besonders A. Speiser und van der Waerden, 1927, 1955 in ihren Definitionen der Gruppe hervorheben), auch auf den Primzeichen, Subzeichen und Semiosen definiert werden können. Damit sind auch die verzweigten Symmetrieverhältnisse im System der zehn Zeichenklassen und ihren dualen Realitätsthematiken repräsentationstheoretisch bzw. fundamentalkategorial legitimiert.
Insbesondere muß in diesem Zusammenhang das duale Symmetrieverhältnis zwischen den einzelnen Zeichenklassen und ihren entsprechenden Realitätsthematiken hervorgehoben werden. Dieses Symmetrieverhältnis besagt, daß man im Prinzip nur die „Realität“ bzw. die Realitätsverhältnisse metasemiotisch zu *präsentieren*, die man semiotisch zu *repräsentieren* vermag. Daher sind die Repräsentationswerte (d. h. die Summen der fundamentalen Primzeichen-Zahlen) einer Zeichenklasse invariant gegenüber der dualen Transformation der Zeichenklasse in ihre Realitätsthematik. Dieser *semiotische* „Erhaltungssatz“ kann dementsprechend als eine Folge des schon in „Vermittlung der Realitäten“ (1976, p. 60 u. 62) ausgesprochenen Satzes, daß mit der wachsenden Semiotizität der Repräsentativität in gleichem Maße auch ihre Ontizität ansteigt.
Die Schoppersche Bemerkung, daß angesichts der Tatsache, daß physikalische Kraftwirkungen Erhaltungssätze involvieren und diese wieder Symmetrieverhältnisse einschließen, auch daran gedacht werden müsse, daß Konkordanz und Kohärenz der Naturgesetze durch ein hierarchisches Symmetriesystem determiniert sein könnten, wäre damit auf der fundamentalkategorialen

Ebene der triadischen Zeichenrelationen im Sinne eines universal gültigen Naturprinzips höchster Semiotizität und höchster Ontizität als Repräsentamen eines vollständigen argumentischen Interpretanten

$$3.3\ 2.3\ 1.3 \times 3.1\ 3.2\ 3.3$$

semiotisch gerechtfertigt und bestätigt.
Ich breche damit die eigentliche Untersuchung der semiotischen Repräsentationsverhältnisse der prinzipiellen Konzeptionen der Quanten-Wellen-Mechanik ab. Es ist klar, daß eine solche erste Analyse mit den entsprechenden Mängeln und Unvollständigkeiten behaftet ist, die sicherlich in späteren Untersuchungen behoben werden können. Aber ich wiederhole noch einmal die für die physikalische Grundlagenforschung, mindestens für die mikrophysikalisch relevanten Bereiche, wichtigsten Resultate. Sie bestehen darin, daß die *semiotische* Konstituierung der fundamentalen *quantentheoretischen* Vorstellungen zugleich eine differenzierbare Theorie der (physikalischen) *Realitätsthematiken* involviert, die kontrollierbar zwischen verschiedenartigen (ontisch-relationalen) *Realitäten* und darüber hinaus insbesondere die auftretenden *Dualitätsprobleme* und *Vollständigkeitsprobleme* physikalischer Naturbeschreibung (vor allem was die diesbezügliche Kontroverse zwischen Einstein und Bohr anbetrifft) differenzieren und lösen kann. Niemand, das möchte ich hervorheben, hat diese fundamentalen Probleme im Rahmen der quanten-wellen-mechanischen Forschung und Diskussion so deutlich bezeichnet wie Erwin Schrödinger. Ich zitiere daher abschließend zwei Bemerkungen aus seiner Schrift „Was ist ein Naturgesetz?“, die in meiner Sicht so entscheidend und bemerkenswert sind wie die Unbestimmtheitsrelationen: „Da werden wir zunächst gar nicht erwarten dürfen, daß diese Kontinua das Na-

turobjekt an sich darstellen, sondern was sie zunächst darstellen, ist die *Relation* zwischen *Subjekt* und *Objekt.*" — „Die Wellenfunktionen beschreiben nicht die Natur an sich, sondern die *Kenntnis,* die wir jeweils auf Grund der wirklich ausgeführten Beobachtungen von ihr besitzen." (p. 25)
Die Einführung der Begriffe „triadische Zeichenrelation" und „Zeichenklasse" an Stelle des naiven Begriffs „Zeichen" durch Peirce hat, wie ich in „Vermittlung der Realitäten" (1976) zeigte, auch den Begriff der *Realitätsthematik* ermöglicht, der einer analytischen Handhabung fähig ist, wie vorstehende Untersuchung beweist. Insbesondere die Tatsache, daß neben den (vollständigen) homogenen Haupt-Realitätsthematiken (gegeben durch M, O und I) auch (gemischte) inhomogene Neben-Realitätsthematiken definiert und angewendet werden können, scheint daher ein deutliches Verständnis der angeführten Schrödingerschen Sätze über ihren quanten-wellen-mechanischen Gehalt hinaus zu ermöglichen. Wir haben gelegentlich die inhomogenen Realitätsthematiken als *Übergangsrealitäten* bezeichnet, und mir scheint, daß auch dieser Begriff näherungsweise durch die Schrödingerschen Beschreibungen legitimiert werden könnte. Ich will noch hinzufügen, daß diese Übergangsrealitäten oder, wie man auch sagen könnte, diese triadischen Übergangstrichotomien ihrer Form nach schon in der Peirceschen „Haupteinteilung der Zeichen", die zuerst Elisabeth Walther ausführlich biographisch und theoretisch kommentiert hat und die ich als „Inklusionsschemata" verstehe, definiert worden sind.

Anhang

	Semiotisch thematisierte Realität	Zeichenthematik Trichotomien x Zeichenklassen
I.	Vollst. Mittel:	1.1 > 1.2 > 1.3 x 3.1 ↦ 2.1 ↦ 1.1
II.	Mittelthemat. O:	2.1 ↦ 1.2 > 1.3 x 3.1 ↦ 2.1 ↦ 1.2
III.	Objektthemat. M:	2.1 > 2.2 ↦ 1.3 x 3.1 ↦ 2.2 ↦ 1.2
IV.	Vollst. Objekt:	2.1 > 2.2 > 2.3 x 3.2 ↦ 2.2 ↦ 1.2
V.	Mittelthemat. I:	3.1 ↦ 2.2 ↦ 1.3 x 3.1 ↦ 2.2 ↦ 1.3
VI.	Vollst. Zeichenthematik:	3.1 ↦ 1.2 > 1.3 x 3.1 ↦ 2.1 ↦ 1.3
VII.	Objektthemat. I:	3.1 ↦ 2.2 > 2.3 x 3.2 ↦ 2.2 ↦ 1.3
VIII.	Interpretantenthemat. M:	3.1 > 3.2 ↦ 1.3 x 3.1 ↦ 2.3 ↦ 1.3
IX.	Interpretantenthemat. O:	3.1 > 3.2 ↦ 2.3 x 3.2 ↦ 2.3 ↦ 1.3
X.	Vollst. Interpretant:	3.1 > 3.2 > 3.3 x 3.3 ↦ 2.3 ↦ 1.3

M. B. / E. W.

Die 10 Realitätsthematiken der Semiotik in fundamentalkategorialen Subzeichen und Primzeichen geschrieben und deskriptiv nach M, O, I geordnet (nach G. Galland)

1.1 > 1.2 > 1.3 : Mittelthematisiertes Mittel
2.1 2.2 1.3 : Objektthematisiertes Mittel
3.1 3.2 1.3 : Interpretantenthematisiertes Mittel

2.1 1.2 1.3 : M-thematisiertes Objekt
2.1 > 2.2 > 2.3 : O-thematisiertes Objekt
3.1 3.2 2.3 : I-thematisiertes Objekt

3.1 1.2 1.3 : M-thematisierter Interpretant
3.1 2.2 2.3 : O-thematisierter Interpretant
3.1 > 3.2 > 3.3 : I-thematisierter Interpretant

3.1 ↦ 2.2 ↦ 1.3 : M und O-thematisierter Interpretant

Verzeichnis der Literatur

(die im Text benutzt, aber deren Quellen unvollständig zitiert wurden)

Becker, O., Einführung in die Logistik, 1951;
— Untersuchungen über den Modalkalkül, 1952
Bense, E., Die Beurteilung linguistischer Theorien, Diss. Berlin 1977
Bense, M., Vermittlung der Realitäten, 1976;
— Zeichenzahlen und Zahlensemiotik, Semiosis 6, 1977;
— Die Unwahrscheinlichkeit des Ästhetischen, 1979;
— Das Auge Epikurs, 1979
Bernays, P., Abhandlungen zur Philosophie der Mathematik, 1976
Bohr, N., Das Quantenpostulat und die neue Entwicklung der Atomistik, Die Naturwissenschaften 15, 16. Jahrg. 1928
Bourbaki, N., Théorie des Ensembles, (Eléments de Mathématique), 1970;
— Elemente der Mathematikgeschichte, dtsch. Ausgabe, 1971
Buczyńska-Garewicz, H., Znack znaczenie wartość, (Zeichen und Wert) 1975
Bunge, M., Physik und Wirklichkeit, Dialectica 19, 1965;
— The Structure and Content of a Physical Theory, Delaware Seminar on the Foundation of Physics, Ed. M. Bunge, 1967
Cohen, P. J., Set Theory and the Continuum Hypothesis, 1966
Cantor, G., Ges. Abhandlungen mathematischen und philosophischen Inhalts, Ed. E. Zermelo, p. 486 ff., 1932
Cube, F. v., Kybernetische Grundlagen des Lernens und Lehrens, 1965

Curry, H. B., Outlines of a Formalist Philosophy of Mathematics, 1951
Ehresman, Ch., Catégories et structures, 1965
Einstein, A., Quantenmechanik und Wirklichkeit, Dialectica 3/4, 1940, p. 331
Freudenthal, H., Zur intuitionistischen Deutung logischer Formeln, Compositio Math. 4, p. 112—116, 1936
Galland, G., Zur semiotischen Funktion der kantischen Erkenntnistheorie, Diss. Stuttgart, 1978
Gehlen, A., Der Mensch, 4. Aufl. 1950
Gentzen, G., „Die gegenwärtige Lage in der mathematischen Grundlagenforschung", und
— „Neue Fassung des Widerspruchsfreiheitsbeweises für die reine Zahlentheorie", in: Forschungen zur Logik, 4, 1938, Neudruck Darmstadt 1969
Gödel, K., Über formal unentscheidbare Sätze der Principia Mathematica und verwandter Systeme I, Monatshefte Math. Phys. 38, 1931;
— The consistency of the axiom of choice and of the generalized continuum-hypothesis with the axioms of set theory, Ann. Math. Studies 3, Princeton, 1940;
— Über eine bisher noch nicht benützte Erweiterung des finiten Standpunktes, Dialectica 12, 1958
Haken, H., Synergetics, 2. Aufl. 1978
Hasenjaeger, G., Grundbegriffe und Probleme der modernen Logik, 1962
Hausdorff, F., Das Raumproblem, Antrittsvorl. in Leipzig 1903
Hausdorff, F., (P. Mongré), Das Chaos in kosmischer Auslese, 1898; Neuaufl.: Zwischen Chaos und Kosmos oder vom Ende der Metaphysik, 1976;
— Grundzüge der Mengenlehre, 1965 (1914)
Heisenberg, W., Der Begriff „Abgeschlossene Theorie" in den modernen Naturwissenschaften, Dialectica, 3/4, 1940;

— Die physikalischen Prinzipien der Quantentheorie, 1944;
— Bemerkungen über die Entstehung der Unbestimmtheitsrelation, Phys. Blätter 5, 1975
D. Helms, Kurt Kranz, Hamburg 1970
Henkin, L. Completeness in the Theory of Types, J. of Logic, 15, 2, 1950
Heyting, A., Mathematische Grundlagenforschung-Intuitionismus-Beweistheorie, Ergeb. Math. Grenzgeb. 3, Heft 4, 1935
Hermes, H., Einführung in die mathematische Logik, 1963
Hilbert, D., P. Bernays, Grundlagen der Mathematik, Berlin 1934
Hund, F., Grundbegriffe der Physik, 1/2, 2. Aufl. 1979
Kaila, E., Reality and Experience, Ed. R. S. Cohen, 1979
Kant, I., Kritik der reinen Vernunft, Transzendentallehre, Absch. 1 u. 2, Kehrbach. Reclam
Keiner, M., Unters. zur Entwicklung des „icon“-Begriffs bei Ch. S. Peirce, Diss. Stuttg. 1979
Kitagawa, T., Three Coordinate Systems for Information Science Approaches, Bull. of Math. Statistics, 15, 1—2, 1972
Klein, F., Vorl. ü. nicht-euklidische Geometrie, 1924; Elementarmathematik vom höheren Standpunkte aus I, 1924/33
Lakatos, I., Beweise und Widerlegungen, Ed. J. Worrall u. E. Zahar, 1976, dtsch. Ausgabe 1979
Landé, A., Neue Wege der Quantentheorie, Die Naturwissenschaften, 20, 14. Jahrg. 1926;
— Continuity, A Key to Quantum Mechanics, Phil. of Science, 20, 2, 1953;
— „Auffassungen über die Quantentheorie“, Phys. Blätter, 3, 25. Jahrg. 1969
Lawvere, F. W., Adjointness in Foundation, Dialectica, 23, 3/4, 1969;

— The Category of Categories as a Foundation for Mathematics, (Proceedings), 1966
Lukasiewicz, J., Zur vollen dreiwertigen Aussagenlogik, Erkenntnis, 5, p. 176, 1935/36;
— Die Logik und das Grundlagenproblem, Les Entretiens de Zurich sur les fondements et la méthode des science mathématiques, Ed. F. Gonseth, Zürich 1938
Mach, E., Die Mechanik in ihrer Entwicklung historisch-kritisch dargestellt, Leipzig 1883
MacLane, S., Categorical Algebra, Bull. Math. Soc. 71, 1965
Marty, R., Catégories et foncteurs en sémiotique, Semiosis 6, 1977
McNaughton, R., Axiomatic Systems, Conceptual Schemes and the Consistency of Math. Theories, Phil. of Science, 21, 1, 1954
Mehlberg, H., The theoretical and the empirical Aspects of Science, Proceedings of the Int. Congress on Logic, Methodology and Philosophy of Science, 1960/62
Meschkowski, H., Math. Begriffswörterbuch, 2. Aufl., 1966 (betr. Kroneckersches Symbol)
Morris, Ch. W., Foundation of the theory of Signs, Int. Encyc. of Unif. Science, Bd. 1 u. 2, Chicago 1936;
— Esthetics and the theory of Signs, J. of Unif. Science, (Erkenntnis), Bd. 8, Den Haag 1939.
Nagel, E., J. R. Newman, Der Gödelsche Beweis, 1959, dtsch. 1979
Nelson, L., Beiträge zur Philosophie d. Logik und Mathematik, 1959
Nernst, W., Zum Gültigkeitsbereich der Naturgesetze, Die Naturwissenschaften, 21, 10. Jahrg. 1922
Pareigis, B., Kategorien und Funktoren, 1969
Pauli, W., Phänomen und physikalische Realität, Dialectica, 11, 1/2, p. 38
Planck, M., Die physikalische Realität der Lichtquanten, Die Naturwissenschaften, 15. Jahrg., 26, 1927

Peirce, Ch. S., New Elements of Mathematics, Ed. C. Eisele, Vol. I, Ms. 40, 1975;
— Graphen und Zeichen (Prolegomena für eine Apologie des Pragmatizismus), Edition rot, Nr. 44, Stuttgart 1971
Reichenbach, H., Philosophische Grundlagen der Quantenmechanik, 1949
Roberts, Don D., The Existential Graphs of Charles S. Peirce, 1973;
— Peirce's Proof of Pragmatism and his Existential Graphs, Ms. d. Vortrags auf dem Peirce-Kongreß in Amsterdam 1976
Robinson, A., Introduction to Model Theory and to the Metamathematics of Algebra, 1963 (1965)
Ruesch, I., Semiotic Approaches to Human Relation, 1972
Scholz, H., Was will die formalisierte Grundlagenforschung? Deutsche Math., Jahrg. 7, 2/3, 1943
Scholz, H., Geschichte der Logik, 1931
Schopper, H., Symmetrieprinzipien der Physik, I u. II, Phys. Blätter, 25, 3, 1969
Schrödinger, E., Was ist ein Naturgesetz? — 1962
Schwabhäuser, W., Modelltheorie, Sonderdruck der Deutsch. Mathematiker-Vereinigung, Bd. 75, 3, 1974
Skolem, Th., Über einige Grundlagenfragen der Mathematik, Skrifter utgitt av Det Norske Videnskaps-Akademi, I, 4, 1929;
— Über die Unmöglichkeit einer vollständigen Charakterisierung der Zahlenreihe mittels eines endlichen Axiomensystems, Norsk matematisk forenings skrifter, serie 2, 10, 1933
Stegmüller, W., Probleme und Resultate der Wissenschaftstheorie und Analytischen Philosophie, Bd. II, 1970/73
Tarski, A., Der Wahrheitsbegriff in den formalisierten

Sprachen, Studia Philosophica, Vol. I, 1935;
— Einführung i. d. Mathematische Logik, 1937
Thom, H., De l'icône au symbol, Cah. Int. du Symbolisme, 1973, dtsch. Semiosis 10, 1978;
— Stabilité structurelle et Morphogenèse, 1976
Walther, E., Allgemeine Zeichenlehre 1974, 2. Aufl. 1979;
— Die Haupteinteilung der Zeichen bei Ch. S. Peirce, Semiosis 3, 1976
Weizsäcker, C. F. v., Die Einheit der Natur, 1971;
— Quantum Theory and the Structures of time und Space, Ed. L. Castell, M. Drieschner, C. F. v. Weizsäcker, 1975
Wunderlich, D. (Hrsg.), Wissenschaftstheorie der Linguistik, 1976
Wunderlich, P., Katalog der manus-presse, 1979
Weyl, H., Philosophie der Mathematik u. Naturwissenschaften, 1926;
— Wissenschaft als symbolische Konstruktion des Menschen, Eranos Jahrbuch 16, 1948;
— Das Raumproblem, Jb. d. Dtsch. Math. Ver., 92, 1921
Zeise, M., Thermodynamik (auf den Grundlagen der Quantentheorie, Quantenstatistik und Spektroskopie), 1, 1944

Literarische Zitate

Benn, G., (G. B.) Ges. Prosa, 1928
Bense, M., Privatsammlung Konkreter Texte
Joyce, J., Finnegans Wake, Ed. dtsch. T. S. Eliot, Ausgew. Prosa, Übers. C. Giedion-Welker, 1951
Schmidt, A., Aus dem Leben eines Fauns, 1953
Stein, G., Paris Frankreich, dtsch. 1975

Wichtige (graphische) Zeichen

thetische Einführung	:	$\vdash$
Zuordnung	:	$\mapsto$
selektiert aus ...	:	$>$
analoge Zuordnung	:	$\rightarrowtail$
wechselseitiger Übergang zwischen semiotischen und metasemiotischen Systemen	:	$\Leftrightarrow$
Primzeichen bzw. Fundamentalkategorie	:	$\cdot$ PZ $\cdot$
degenerativ bzw. generativ	:	$\searrow, \nearrow$
identisch	:	$\equiv$
dual (dualisiert zu ...)	:	$\times$
enthalten ...	:	$\in$
zeichentheoretischer Übergang im allgemeinen	:	$\Longrightarrow, \Downarrow$
Kreationsschemata	:	$\begin{matrix} \cdot 3 \cdot & & \\ \wedge & > & \cdot 2 \cdot \\ \cdot 1 \cdot & & \end{matrix}$
oder	:	$\begin{matrix} .3. \searrow & \\ \uparrow & .2. \\ .1. \nearrow & \end{matrix}$
Dualisierung	:	$\times$